First Book

線形代数が
わかる

対話形式による解説で肩肘はらずに
基礎から学べるやさしい線形代数入門

中村　厚 著
戸田晃一

技術評論社

まえがき

　大学の基礎数学の一分野に，「線形代数」があります。わけのわからない計算ばかりやらされて，うんざりした経験をもつ人も多いのではないでしょうか。

　実は大学新入生のA君もその一人なんです。大学で始まったN先生の「むずかしい」講義から脱落気味のA君は，うわさを聞きつけてK先生に助けを求めます。まずはN先生の悪口から始まった相談ですが，徐々にK先生のペースにはまっていったA君は……。

　この本はA君とK先生の対話を通して，「線形代数入門」のさらに入門書を作ることを目標に書きました。線形代数は，現代の科学技術，あるいは社会・経済分析のために必要な数学の大きな柱の一つで，その重要性はますます高まっています。

　ところが，大学で最初に出会う「線形代数学」といえば，「習うより慣れろ」と言わんばかりに，意味も教えられずひたすら計算，というのが多くの人の印象です。もちろんK先生が対話中で言うような合理的な理由もあります。とは言ってもそのギャップを何とか埋めたい，というのがこの本を書いた動機です。

　このような目的があるので，この本では数学的な厳密性にはあまりこだわらず，初学者でも抵抗の少ないような記述を心がけました。対話では，標準的な線形代数の教科書では「知ってて当たり前」とされて，あえて書かれていない「みそ」になる部分に重点を置いています。一方，コラム「K先生の独り言」には，大学の線形代数とのつながりを意識した内容を載せました。初めて線形代数を勉強する人は，コラムは読まなくても理解できるように書かれていますので，初読の際は読み飛ばしてもかまいません。また，各章末には「宿題」があります。対話の内容をどこまで理解したか確かめるため，ぜひ挑戦してみてください。

　こういうちょっと変わった本なので，これは大学生だけでなく，もういちど線形代数に挑戦したいと考える社会人の方，あるいは，ちょっと先の方をのぞいて見たい高校生にも，ぜひ読んでいただきたいと思います。

2010年7月　中村厚　戸田晃一

ファーストブック 線形代数がわかる Contents

序章 プロローグ
- ●ベクトルとは ……………………………………… 3
- ●線形代数の意味 …………………………………… 6
- ●行列と行列式 ……………………………………… 7
- ●物理と線形代数 …………………………………… 10

第1章 ベクトルとスカラー
1-1 ベクトルのすみか ……………………………… 12
- ●次元とは …………………………………………… 12
- ●2次元ベクトルの成分 …………………………… 16
- ●3次元ベクトルの成分 …………………………… 19

K先生の独り言「n次元ベクトル」………………… 23
まとめ ………………………………………………… 23

1-2 ベクトルのスカラー倍,和と差 ……………… 24
- ●スカラー倍 ………………………………………… 24
- ●ベクトルの和 ……………………………………… 26
- ●交換法則,結合法則,分配法則 ………………… 28
- ●ベクトルの差 ……………………………………… 31

まとめ ………………………………………………… 34

1-3 基底ベクトル ………………………………… 35
- ●ベクトルの分解 …………………………………… 35
- ●平面の正規直交基底 ……………………………… 36
- ●空間の正規直交基底 ……………………………… 39

K先生の独り言「ベクトルの表現」………………… 42
まとめ ………………………………………………… 43

1-4 内積 44
- 平面ベクトルの内積 44
- ベクトルの長さ 45
- 2本のベクトルがはさむ角 48
- 空間ベクトルの内積 51

K先生の独り言「スカラー量について」 54
まとめ 55

1-5 外積（ベクトル積） 56
- 基底ベクトルの外積 56
- 外積と平行四辺形 61

K先生の独り言「空間ベクトルの外積」 66
まとめ 68
1章の宿題 69

第2章 行列と連立1次方程式

2-1 行列とその演算 72
- 行列とは 72
- 行列の成分 74
- 和と差，スカラー倍 75
- 行列の積 77
- 積の順序 80

K先生の独り言「行列の積について」 81
まとめ 82

2-2 連立1次方程式とガウスの消去法 83
- 行列を使う 83

●連立方程式を解く ………………………………… 86
　　　●行基本変形 ……………………………………… 88
　K先生の独り言「後退代入」 ………………………… 92
　K先生の独り言「行基本変形の第3の操作」 ………… 93
　まとめ …………………………………………………… 94
　2-3 逆行列 ………………………………………… 95
　　　●逆数について …………………………………… 95
　　　●逆行列とは ……………………………………… 97
　　　●掃き出し法再び ………………………………… 100
　　　●さらに掃き出し法 ……………………………… 102
　　　●基本変形の行列 ………………………………… 104
　K先生の独り言「線形変換」 ………………………… 107
　まとめ …………………………………………………… 108
　2-4 逆行列がない！ ……………………………… 109
　　　●掃き出し法が行き詰まる ……………………… 109
　　　●さらに非正則行列 ……………………………… 111
　　　●逆行列と連立1次方程式 ……………………… 112
　K先生の独り言「連立方程式の幾何学的意味」 …… 118
　まとめ …………………………………………………… 120
　2章の宿題 ……………………………………………… 121

第3章 **行列式とその応用**
　3-1 行列式って何？ ……………………………… 124
　　　●2×2の行列式 ………………………………… 125
　　　●行の入れかえ …………………………………… 130

●3×3の行列式 ………………………………… 132
●またまた行の入れかえ ……………………… 139
●さらに転置行列 ……………………………… 142
K先生の独り言「転置行列の行列式について」 …… 143
まとめ ……………………………………………… 144
3-2 **行列式のしくみ** …………………………………… 145
●3×3行列式の中の2×2行列式 ……………… 145
●行列式の展開 ………………………………… 149
●逆行列の公式 ………………………………… 151
K先生の独り言「クラメルの公式」 ………………… 157
●行列の積と行列式 …………………………… 159
K先生の独り言「$n \times n$の行列式」 ……………… 162
まとめ ……………………………………………… 164
3章の宿題 ………………………………………… 165

第4章 行列の特性を引き出す
4-1 固有値と固有ベクトル …………………………… 168
●特別な方向 …………………………………… 169
●固有値を求める ……………………………… 172
●固有値は1つじゃない ……………………… 175
●固有ベクトルを求める ……………………… 177
●固有値の意味 ………………………………… 179
K先生の独り言「固有方程式の解」 ………………… 182
まとめ ……………………………………………… 184

4-2 対角化とは …………………………………………… 185
　●2×2行列の対角化 …………………………………… 185
　●フィボナッチ数列 …………………………………… 189
　●行列を対角化する …………………………………… 192
　●対角行列を利用する ………………………………… 196
K先生の独り言「$n \times n$行列の対角化」……………… 199
まとめ ……………………………………………………… 201
　●おわりに …………………………………………… 202
4章の宿題 ………………………………………………… 203

　宿題の解答 …………………………………………… 206
　あとがき ……………………………………………… 228
　参考文献 ……………………………………………… 229
　索引 …………………………………………………… 230

登場人物紹介

……A君。工学部の新入生。

……K先生。大学で数学を教えている。

序章
プロローグ

この章で学ぶこと
- ベクトルとは？
- 線形代数とは？

ある大学の研究室。数学のＫ先生が研究に没頭していると，学生のＡ君がやってきた。

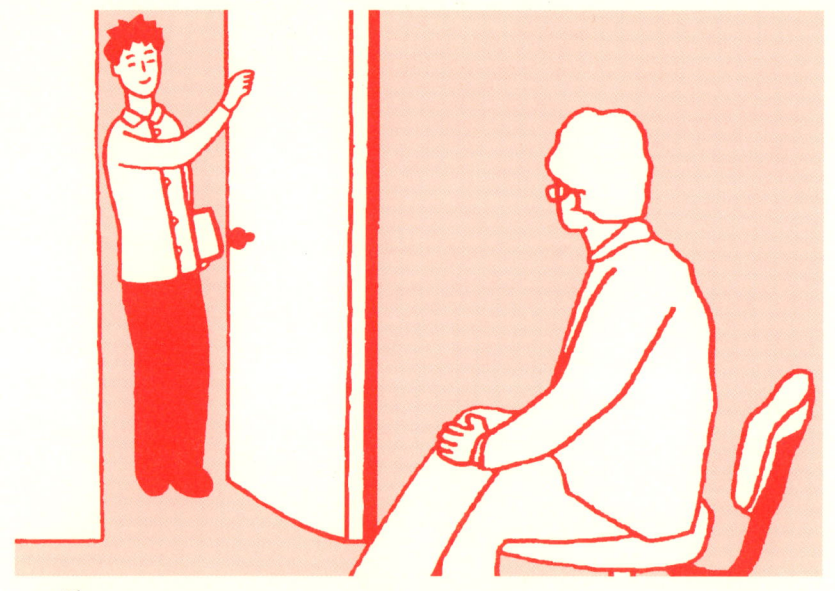

🧑 すいません先生，ちょっとお邪魔してもいいですか？

👨‍🦳 どうしたの？　何か質問かい。

🧑 はい。先生は結構親切にいろいろ教えてくれると噂で聞いて……。

👨‍🦳 そういうことか(笑)。で，何を聞きたいの？

🧑 まず一つは「線形代数」です。

👨‍🦳 「まず」って，一つだけじゃないの？　まあいいや。ところで，「線形代数」は誰に教わってるの？

🧑 Ｎ先生です。

👨‍🦳 ああ，Ｎ先生ね。厳しいでしょ。

🧑 そうなんです。なんか質問にも行きにくい雰囲気で……。

👨‍🦳 それで僕のところへ来たわけか。で，何を助ければいいのかな？

😀 あのー，線形代数には「ベクトル」とか「行列」とか，ただ数字が並んでるのや，表みたいなのがたくさん出てきますよね。

🧑‍🦳 まあ，そうだね。

😀 で，その数字を足したり引いたり掛けたり，並べかえたりするんですけど，何のためにそんなことしなきゃならないのか，まったくわからないんです。

🧑‍🦳 ああ，そういうことね。

😀 そういうことって，どういうことですか？

🧑‍🦳 それは，よくありがちなんだよね。要するに，根本的に何やってるか全然わからないってやつだろ。

😀 そうです，そうなんです。

🧑‍🦳 それはもっともな疑問だね。「線形代数」って計算だけやらされるパターンが多いからね。

😀 そうなんです。何でこんな計算しなければならないんだろうってよく思うんです。N先生って，やっぱり意地悪なんですか。

🧑‍🦳 はは，特に意地悪とは思えないなあ。僕が担当してもほとんど同じような講義になると思うよ。

😀 そうなんですか？

● ベクトルとは

🧑‍🦳 「線形代数」がどうして「計算ばっかり」になるのかは，とりあえず置いとこう。ところで，ベクトルというとどんなものを想像する？

😀 なんか，数字が並んだものじゃないんですか？

🧑‍🦳 そうかもしれないけど，いろんな方向を向いた矢印だっていうイメージはないのかな。

👦 それもよく見ますけど，同じものなんですか？

🧑‍🦳 ……。ベクトルといえばまず矢印を想像しそうなものだけど……。

👦 そういえば，今まであまり深く考えてませんでした。

🧑‍🦳 「微分積分」もそうだけど，数学というのは背後に潜んでる幾何学的なイメージを把握するのが大切なんだよ。

👦 はあ？ 幾何学的なイメージって？

🧑‍🦳 例えば，ある地点の風の情報を記録して，一日の変化の状況を一目で把握したいとする。

👦 「風」の情報ですか？ どうすればいいんだろう？

🧑‍🦳 まあ普通は「風向き」と「風速」がわかればいいよね。

👦 そうですね。

🧑‍🦳 「風向き」の情報はさっきの図のように，ある方向をもった矢印で表せばいいね。

👦 はあ。

🧑‍🦳 それから「風速」は矢印の長さで表せば便利だね。つまり，風が強いときほど長い，あるいは大きい矢印で表すんだ。

👦 確かにわかりやすいですね。

🧑‍🦳 だから，ある瞬間の風の情報は，ある方向と長さをもった矢印で表せる。例えば，「北東の風2メートル」の場合と「西の風5メートル」

の場合を並べて描くとこうなるよね。

北
北東の風 2メートル
西の風 5メートル

🙂 はあ。

👨 こういう,「大きさあるいは強さ」と「方向」をもったものを**ベクトル**と呼ぶんだね。ベクトルというのは,この「風の情報」のような「大きさと方向」をもった量を記述するための便利な道具なんだ。

🙂 そういうことだったんですか。

👨 で,例えばある地点の一日の風の記録が次のようだったとする。

時刻	0:00	3:00	6:00	9:00	12:00	15:00	18:00	21:00
風向	北西	北西	北西	南西	南西	西	西	南
風速	2	4	2	2	4	5	4	3

👨 この表だけみて,風の様子がすぐに想像できる?

🙂 ちょっとわからないです。

👨 で,次にこれを「ベクトル表記」してみよう。

↘ ↘ ↘ ↗ ↗ → → ↑

🙂 すごくわかりやすいです。

👨 風向と風速の表を見るより,この方が直感的にわかりやすいよね。ベクトルを考えることの利点は,こういう直感的な把握に優れているところなんだよ。

序章 プロローグ

線形代数の意味

— それはわかりますけど，じゃあどうして「線形代数」ってあんなにわかりにくいんですか？

— 一つには，ベクトルを使って表される対象が，「風」みたいにわかりやすいものばかりではない，ということだと思う。

— だいたい「線形代数」の時間に，ベクトルを使って何を表すかなんて，なんにも教えてくれませんよ。やっぱりN先生って不親切ですよね。

— だから，そうじゃないんだよ。「線形代数」の講義というのは，ベクトルや行列が何に使われるのかを勉強するところじゃなくて，そういう「抽象的」なものたちが，一般にどういう性質をもっているかとか，どんなふうに演算すればいいのかを学ぶところなんだ。

— でも，やっぱりそれだけじゃ面白くないです。

— そうかもしれない。だけど，「線形代数」というのは自然現象や工学で現れる複雑な現象を分析したり，大規模なデータを系統的に処理するためにとても役に立つ道具なんだ。

— だったら，そういう例で説明してくれればいいのに。

— そう思うかもしれないけど，たいていの場合，その問題の意味するところを理解するために，まず「線形代数」の知識が必要な場合が多いんだ。つまり，線形代数をあらかじめ勉強しておかないと，問題の意味さえわからないってことだね。

— なんか難しそうですね。ますますやる気がなくなってきました。

— まあ，それだけ物理とか工学で取り扱っている対象が複雑だということなんだろうね。そういう複雑な対象を，人間が理解できるように分解するには「線形代数」の言葉が絶対に必要になるんだ。

🧑 線形代数の意味は，線形代数を勉強してみないとわからないということですか？

👨 まあ，そういうこと。でもそれは，決して線形代数に限ったことじゃないよね。

● 行列と行列式

🧑 でも，少しでもどんなことに役立ってるのか見てみたいです。「行列」ってどんなことに使うんですか？

👨 まあ，いちばん典型的なのは連立1次方程式を解くときかなあ。

🧑 連立1次方程式って？

👨 だから例えば，

$$\begin{cases} x+y=3 \\ x-y=1 \end{cases}$$

のような方程式のことだね。

🧑 そんなの行列なんか使う必要あるんですか？ 下の式から $y=x-1$ だから，上の式に代入して……。

👨 もちろん，これはそうやって「中学生風」でも解けるけど，それは変数が x と y の2つしかないからだよね。

🧑 はあ。

👨 もし変数が10個とか100個とかある連立方程式を解かなければならないとしたら，そんな方法じゃすぐに行き詰まることは目に見えてるよね。

🧑 それはそうですけど，そんな方程式を解かなければならないことなんかあるんですか？

🧑‍🦳 おおあり。

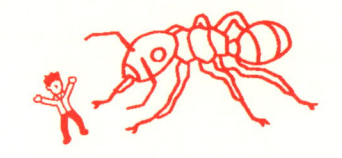

🧑 大蟻？

🧑‍🦳 そうじゃなくて，それはいくらでもあるってことだよ。物理や工学では「微分方程式」というものを解かなければならない場面がよくあるんだけど，よほど特殊な場合でない限りコンピューターを使って解くことになる。というか，それしか方法がないんだ。

🧑 はあ。

🧑‍🦳 コンピューターで微分方程式を解くときには，問題を「連立方程式を解く」ことに書き直す場合がよくある。

🧑 そうなんですか。

🧑‍🦳 このとき「行列」が大活躍する。だから，線形代数の知識がないと，コンピューターのプログラムさえ書けないということになってしまうんだ。

🧑 何にもできないってことですか？

🧑‍🦳 そういうことだね。まあ，連立1次方程式をどうやって解くかは，そのうち教えてあげよう。線形代数の知識があれば，その方程式がちゃんと解けるかとか，答えが1つに決まるのかどうかとか，あらかじめ判定できたりするんだ。

🧑 ぜひお願いします。ところで，「行列」と「行列式」って見た目も名前も似てますけど，何か違うんですか？

👨 ……。行列っていうのは，例えば

$$\begin{pmatrix} 1 & 2 \\ 3 & 4 \end{pmatrix}$$

のようなものだよね。

👦 数字の表ですよね。

👨 まあ，そう考えてもいいよね。それぞれの数字は，この「行列」の「成分」と呼ぶんだ。

👦 じゃあ，行列式は？

👨 それは，

$$\begin{vmatrix} 1 & 2 \\ 3 & 4 \end{vmatrix}$$

のようなもの。

👦 同じものにしか思えませんけど……。

👨 よく見てごらん，行列式の方は絶対値の記号| |みたいなものが使われているよ。

👦 それはわかりますけど……。

👨 線形代数では，この記号には特別な意味がある。「行列式」というのは，行列の各成分を掛けたり足したり引いたりして作った，ある「数」なんだ。この場合は，

$$\begin{vmatrix} 1 & 2 \\ 3 & 4 \end{vmatrix} = 1 \times 4 - 2 \times 3 = -2$$

だね。

👦 これは何をしたんですか？

👨 ある規則を使って，行列式の値を計算したんだ。その規則もいずれちゃんと解説するよ。大切なのは，「行列」は数字の表だけど，「行列式」は1つの数になる，ということだね。

序章 プロローグ

物理と線形代数

😀 ところで，物理の講義でもベクトルを使ってるみたいなんですけど……。

🧑‍🦳 「使ってるみたい」ってどういうこと？

😀 なんだかよくわからないんです。変な掛け算とかやってるし……。

🧑‍🦳 ああ，内積とか外積のことかな。ところで物理の先生は誰？

😀 T先生です。

🧑‍🦳 T先生なら優しく教えてくれそうじゃない。

😀 そうなんですけど，質問に行ってもうまくはぐらかされたり，なんだかいつの間にか別の話になっちゃったりするんです。

🧑‍🦳 ハハハ，そうかもしれないね。

😀 だから，こっちも何かヒントをください。

🧑‍🦳 そうだね。物理と線形代数は，切っても切り離せない関係だからね。とにかく，これから説明するようなベクトルや行列の演算に親しんでおくことが重要だね。

😀 結局そういうことですか。

🧑‍🦳 じゃあ，とりあえずお茶でも飲もう。

第 1 章
ベクトルとスカラー

(この章で学ぶこと)
- 次元とは？
- ベクトルの演算
- ベクトルの基底
- ベクトルの内積・外積

1-1 ベクトルのすみか

😀 講義中にN先生がわけのわからないことを言うんです。

👩 どういうこと？

😀 このベクトルは2次元に住んでいるとか……，3次元に住んでいるとか……。

👩 どこがわからないんだろう……？

😀 全部意味不明です。だいたい「次元」って何ですか？

🔴 次元とは

👩 ベクトルというのは，ある長さと向きをもった「矢印」だったよね。

🧑 そうですね。

👨 この矢印たちは、それぞれ固有の「すみか」をもっているんだ。

🧑 「すみか」ですか。生き物みたいですね。

👨 まあね。ただ、風向と風速の例からもわかるように、ベクトルというのはものごとを極端に数学化、あるいは抽象化した代物だから、その「すみか」もやはり抽象的なものなんだ。

🧑 どういうことですか？　全然イメージできませんけど。

👨 「平らな平面」とか「何もない空間」をイメージしてごらん。ベクトルはこのようなものの中に「住んで」いるんだ。

🧑 住んでいるって？

👨 例えば、さっきの風の話のように、平らな平面内に置かれたベクトルを考えよう。

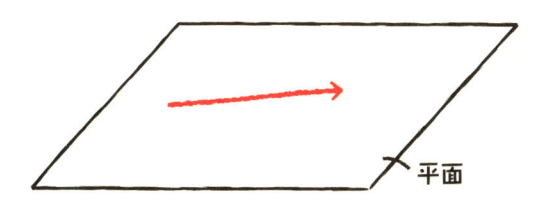

平面

🧑 はあ。

👨 この矢印、つまりベクトルは決してこの平面からはみ出ることはないよね。

🧑 はみ出るって、どういうことですか？

👨 こういうこと。

1-1 ベクトルのすみか

平面

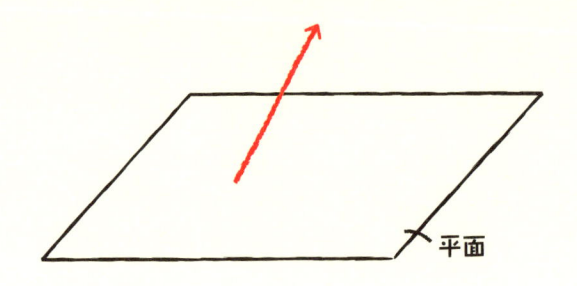

🧑 浮き上がっちゃってますね。

👨 とりあえず，今はこういうものは考えないことにしよう。そうすると，すべてのベクトルはこの平面内に閉じ込められていることになる。

🧑 そうですね。

👨 このことを，ベクトルが平面に住んでいる，と言うんだね。

🧑 確かに「住んで」ますね。

👨 ところで，平面っていうのは2次元の拡がりをもっているよね。

🧑 えーと……。

👨 しょうがないから復習しよう。

🧑 お願いします。

👨 まず，ただの「点」は拡がりをもたないから，0次元の拡がりをもつということにしよう。

🧑 はあ。

👨 次に直線。直線上に乗った人は，線上を一方向に行ったり来たりできるから，直線は1次元の拡がりをもつ。

🙂 まあ，なんとなくわかります。

🧑‍🏫 で，平面。平面に乗った人は，ある基準点から見て2つの独立な方向に行くことができるから，平面は2次元の拡がりをもつんだ。

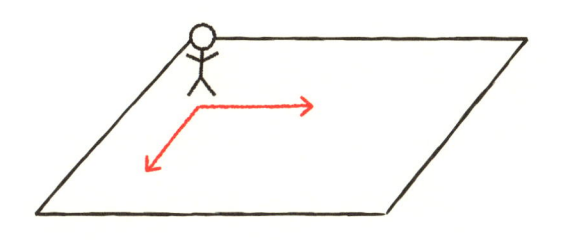

🙂 独立って何ですか？

🧑‍🏫 それはもう少し先へ行ってから説明した方がわかりやすいと思う。とにかく，平面が2次元の拡がりをもつということは認めよう。

🙂 まあいいです。それで？

🧑‍🏫 で，この「2次元平面」に住んでいるベクトルたちのことを，**2次元ベクトル**あるいは**平面ベクトル**というんだ。

🙂 じゃあ，**3次元ベクトル**っていうのは？

🧑‍🏫 この2次元平面に垂直な「上下方向」を加えた「3次元空間」に住んでいるベクトルのこと。絵で描けば，簡単に想像できると思うよ。

1-1 ベクトルのすみか 15

平面

平面に垂直な
上下方向

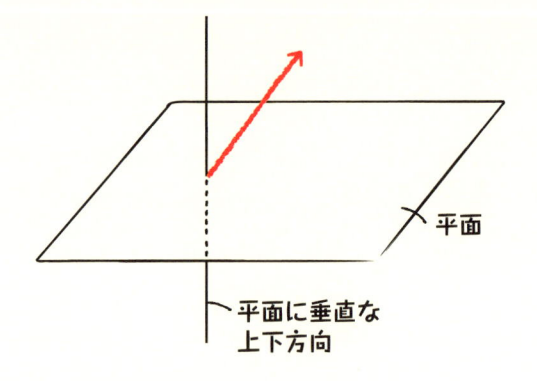

😀 結局，**次元**って何ですか？

🧑‍🦳 つまり，ベクトルたちの「すみか」が，いくつの方向に拡がっているかを表す数のことなんだね。

😀 そういうことだったんですか。

● 2次元ベクトルの成分

🧑‍🦳 ところで，ベクトルを矢印で表すのはわかりやすいけど，もう少し定量的に考えたい場合もよくあるよね。

😀 定量的？

🧑‍🦳 ベクトルというのは要するに「大きさ」と「方向」をもった量だったけど，実際使う場合には，この大きさと方向をはっきりと数値などで表す必要があるんだ。

😀 はあ。

🧑‍🦳 まあ，簡単のために2次元ベクトルを考えよう。つまり，2次元平面に住んでいるベクトルたちだね。

😀 どうするんですか？

🧑‍🏫 まず、ある基準点をこの2次元平面にとって、その点を基準にして2つの直交する直線を引こう。

🧑 直交する直線ですか？

🧑‍🏫 そう。こんなふうにね。あとで便利なように、横方向の直線を「第1方向」、縦方向を「第2方向」と呼ぶことにしよう。

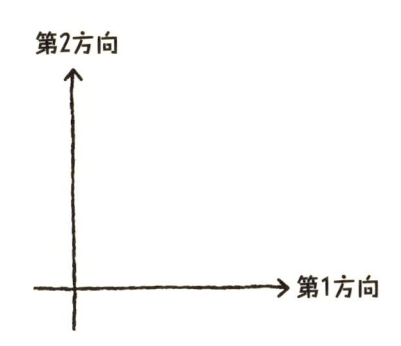

🧑 これをどうするんですか？

🧑‍🏫 次にこの直線に等間隔で数を刻んでいく。基準点の数字を0にして、第1方向は右に行くほど、第2方向は上に行くほど数が大きくなるようにしておこう。

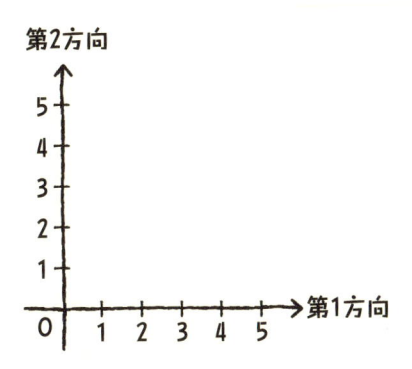

🧑 なんか、この図は講義中に見ました。

😀 まあそうだろうね。で，この基準点を「原点」，目盛りのついた直線を「座標軸」と呼ぶことにするよ。

🧑 「原点」もよく聞く言葉ですね。

😀 次に，この原点を始点とするベクトルaを考えよう。ただし，このベクトルaは終点が次の図のような場所にあるものとする。

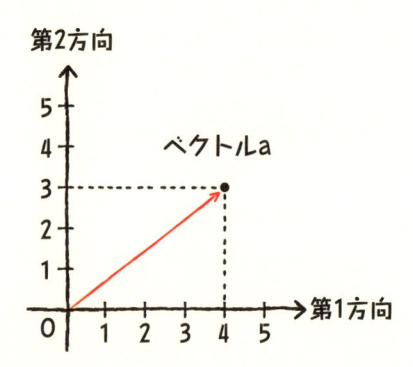

🧑 これもよく見る図ですね。

😀 そうだね。で，このようなベクトルaについて，その第1成分は4，第2成分は3であるという。

🧑 はあ。

😀 そして，これを

$$a = \begin{pmatrix} 4 \\ 3 \end{pmatrix}$$

と書こう。

🧑 これがいつも見ていた数字の列ですね。

😀 そう。この数字の列は，上の図のようなイメージを定量的に表したものなんだ。これを**ベクトルの成分表示**と呼ぼう。

🧑 矢印と数字の列に関係があったんですね。

🧑‍🏫 もちろんそうだね。一般に第1成分が a，第2成分が b であるような 2次元ベクトル v は

$$v = \begin{pmatrix} a \\ b \end{pmatrix}$$

と書き表される。これを矢印で描くとどうなる？

🧑 えーと……。a とか b って何ですか？

🧑‍🏫 だから，「任意の」実数のこと。

🧑 「任意の」って，どれでもいいから勝手なもの，ってことでしたよね。

🧑‍🏫 そうだね。だから図にすれば，

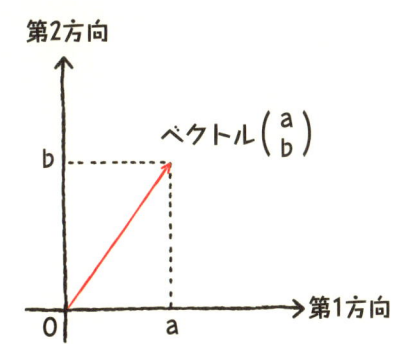

[図: 第1方向を横軸，第2方向を縦軸とする座標平面に，原点Oから点 (a, b) へ伸びる赤い矢印。「ベクトル $\begin{pmatrix} a \\ b \end{pmatrix}$」とラベル。]

のようなものになるよね。

● 3次元ベクトルの成分

🧑 講義では，3つ並んだ数字の列も出てきました。

🧑‍🏫 それが3次元ベクトルだね。さっき見たように，3次元ベクトルは2次元平面に含まれているとは限らない。

🧑 そうですね。

👓 だから，3次元ベクトルを定量的に表すには，2次元ベクトルのように2つの数値だけでは足りないんだ。

🧑 どういうことですか。

👓 これも図で描くとわかりやすいよ。3次元ベクトルは3次元の空間に住んでいるから，平面の場合のように，まずは3次元空間に目盛りをつけることからはじめよう。

🧑 どうするんですか？

👓 簡単なこと。さっきの2次元平面に垂直な方向に直線を延ばして，これを「第3方向」とする。

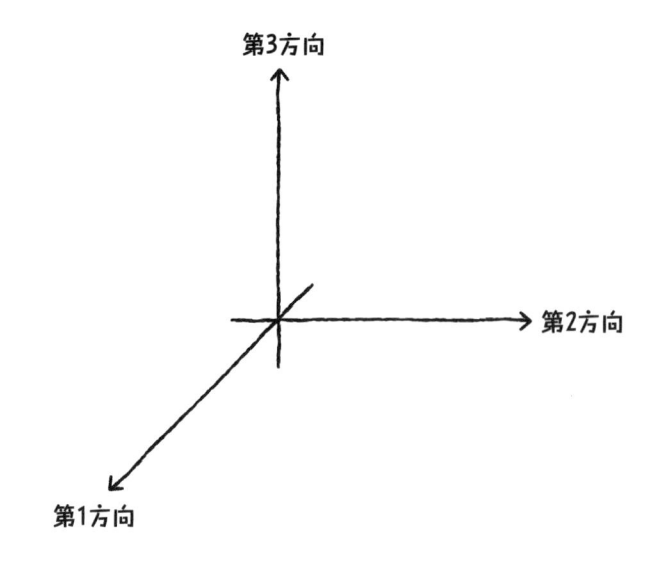

```
          第3方向
            ↑
            |
            |
            |
            |————————→ 第2方向
           /
          /
         /
        ↙
      第1方向
```

🧑 はあ。

👓 そして，平面の場合と同様に，この座標軸に等間隔で数を刻もう。第3方向は，「上」に行くほど数が大きくなるものとするよ。

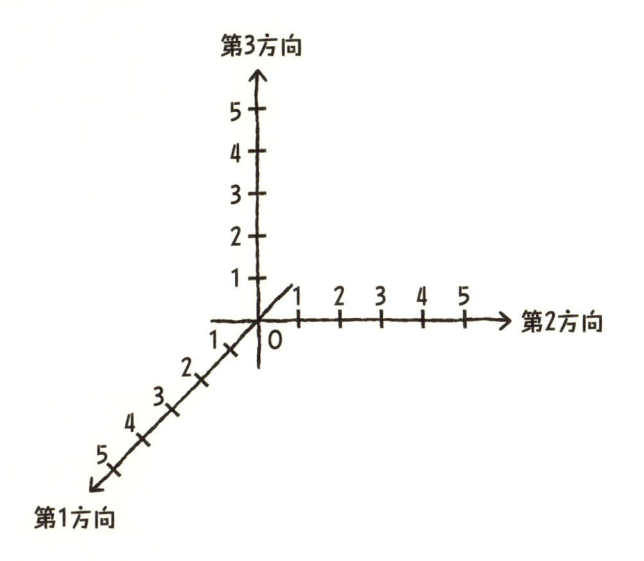

（第3方向、第2方向、第1方向の3次元座標軸の図）

🧑 この図もよく見ます。

👨 そしてやはり原点を始点とする3次元ベクトル $A=\begin{pmatrix} 2 \\ 3 \\ 4 \end{pmatrix}$ を考えよう。

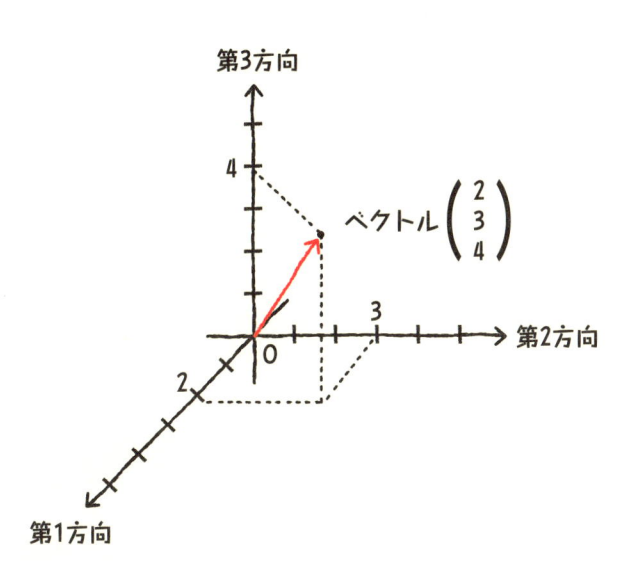

（ベクトル $\begin{pmatrix} 2 \\ 3 \\ 4 \end{pmatrix}$ を3次元座標に図示した図）

🧑 ややこしい図ですね。

👨 3次元の空間を絵で描くと，どうしてもこのようなものになっちゃうね。大切なのは，このベクトルの終点がどこにあるかということなんだ。

🧑 終点ですか。

👨 そう。終点を指定するには，それぞれの座標軸の「目盛り」の値が必要になる。今の場合，3つの目盛りの値 $\begin{pmatrix} 2 \\ 3 \\ 4 \end{pmatrix}$ だね。

🧑 これはどういう意味ですか？

👨 それぞれ第1成分の値が2，第2成分の値が3，第3成分の値が4，ということ。これは，ベクトルAが次のような直方体の対角線になっていることを意味しているんだ。

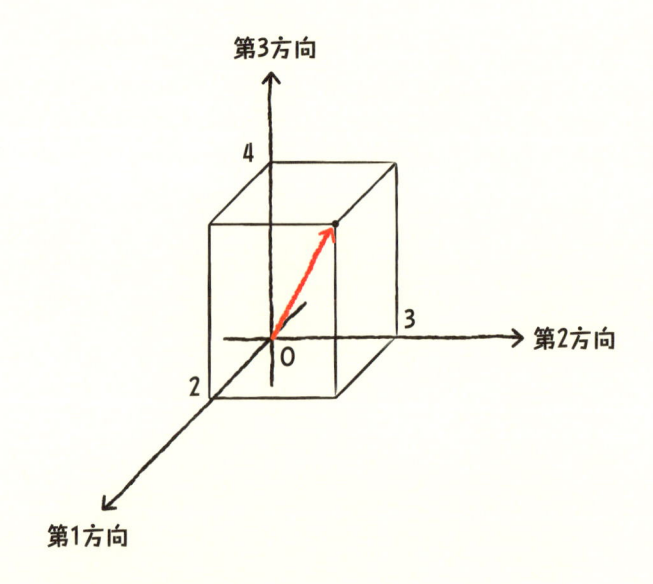

🧑 そういうことですか。

で，やはり任意の3次元ベクトル V は

$$V = \begin{pmatrix} a \\ b \\ c \end{pmatrix}$$

のように書くことができるよね。

> ### コラム　K先生の独り言「n次元ベクトル」
>
> 　A君と一緒に，2次元ベクトルと3次元ベクトルがどういうものであるかを見てきた。大学の講義では，もっと一般的に $n(>3)$ 次元のベクトルも登場することが多い。これらは文字通り「n 次元空間」に住んでいるベクトルだけど，$n>3$ のとき，つまり次元の数が3を超えてしまうと，もはや矢印をイメージしたり，実際に図を描いたりすることは不可能だ。でも，もちろん
>
> $$a = \begin{pmatrix} a_1 \\ a_2 \\ \vdots \\ a_n \end{pmatrix}$$
>
> のように「成分表示」をすることによって，何次元のベクトルであっても実際に書き下すことができる。

🩸 まとめ

● 2次元ベクトル

　2次元「平面」上のベクトルであり，$a = \begin{pmatrix} a \\ b \end{pmatrix}$ のように「成分表示」される。

● 3次元ベクトル

　3次元「空間」内のベクトルであり，$A = \begin{pmatrix} a \\ b \\ c \end{pmatrix}$ のように「成分表示」される。

1-2 ベクトルのスカラー倍，和と差

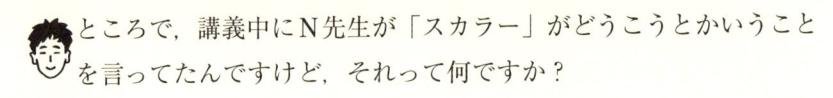

🧑 ところで，講義中にN先生が「スカラー」がどうこうとかいうことを言ってたんですけど，それって何ですか？

👨 ああ，ベクトルのスカラー倍のことかな。

● スカラー倍

🧑 確かに，そんな言い方もしていたような気がします。

👨 まあ，簡単に言えばベクトルの定数倍のことだね。

🧑 定数倍？

👨 そう。例えば，さっき出てきた2次元ベクトル $\boldsymbol{a} = \begin{pmatrix} 4 \\ 3 \end{pmatrix}$ の方向を変えずに長さを2倍したベクトルの成分はどうなるかな？

🧑 えーと……。

👨 やはり図で描いてみよう。こんな感じでいいかな。

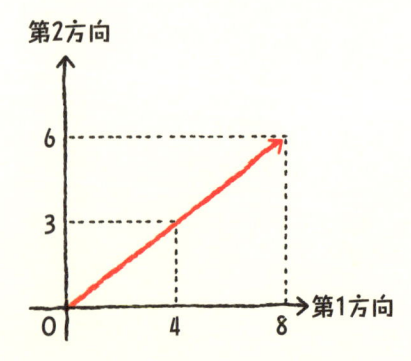

😊 確かに同じ方向で長さ2倍のベクトルですね。

👨‍🏫 この2倍したベクトルを b と書くことにしよう。図からわかるように、b の成分は $\begin{pmatrix} 8 \\ 6 \end{pmatrix}$ で、これは a の各成分を2倍したものになってるよね。

😊 はあ。

👨‍🏫 だから、これを $b=2a$ と書いてもよさそうだよね。この式の意味は
$$b=2a=2\times\begin{pmatrix} 4 \\ 3 \end{pmatrix}=\begin{pmatrix} 2\times 4 \\ 2\times 3 \end{pmatrix}=\begin{pmatrix} 8 \\ 6 \end{pmatrix}$$
ということだ。

😊 こういう計算だけはやらされました。

👨‍🏫 このように、もとのベクトル a を定数倍して新しいベクトルを作ることを、「a を**スカラー倍**する」というんだ。

😊 どうして「定数倍」とは言わないんですか？

👨‍🏫 もちろん言うこともあるんだけど、線形代数ではここでの2のように「成分をもたない量」のことを**スカラー量**、あるいは**スカラー**と呼んで、ベクトルなどとの区別をはっきりさせる場合が多いね*。

😊 はあ。

👨‍🏫 大切なのは、その量がベクトルなのかあるいはただのスカラーなのか、きちんと区別することなんだ。

😊 区別って、どうすればいいんですか？

👨‍🏫 たいていの場合、ベクトルは太文字を使って、v とか V とか書くよね。一方、スカラーは普通の文字を使う場合が多い。例えば、v を k 倍したベクトルは、kv のように書くんだ。

＊本当はスカラーやベクトルという言葉には、もっときちんとした定義がある。ただ、初学者はこの程度の理解で十分である。

1-2 ベクトルのスカラー倍, 和と差

ベクトルの和

🧑 講義中に,ベクトルの足し算とか引き算をやらされるんですけど,これも意味がよくわかりません。

👴 やはりこれらも,与えられたベクトルたちを使って「新しいベクトル」を作る演算なんだ。

🧑 どういうことですか?

👴 例えば, $u=\begin{pmatrix} u_1 \\ u_2 \end{pmatrix}$ と $v=\begin{pmatrix} v_1 \\ v_2 \end{pmatrix}$ の和は,各成分の和によって次のように定義されている。

$$u+v=\begin{pmatrix} u_1 \\ u_2 \end{pmatrix}+\begin{pmatrix} v_1 \\ v_2 \end{pmatrix}=\begin{pmatrix} u_1+v_1 \\ u_2+v_2 \end{pmatrix}$$

🧑 もっと具体的にしてもらえませんか。

👴 例えば, $u=\begin{pmatrix} 4 \\ 3 \end{pmatrix}$ と $v=\begin{pmatrix} 2 \\ -1 \end{pmatrix}$ の和は,

$$u+v=\begin{pmatrix} 4 \\ 3 \end{pmatrix}+\begin{pmatrix} 2 \\ -1 \end{pmatrix}=\begin{pmatrix} 4+2 \\ 3-1 \end{pmatrix}=\begin{pmatrix} 6 \\ 2 \end{pmatrix}$$

のようになるってことだね。

🧑 こういう計算はやりました。

👴 この計算を図示すると次のようになるよね。

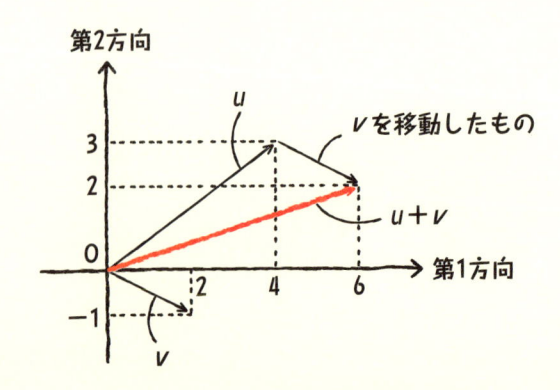

🧑 よく見る図ですね。

👨 この図で，ベクトルvの始点（矢印の根元）をベクトルuの終点（矢印の先）まで移動させていることに注意しよう。このように，大きさと方向を変えずに始点を移動させることを，**ベクトルの平行移動**というんだ。

🧑 はあ。

👨 つまり，2つの**ベクトルの和**というのは，一方のベクトルの終点を新たな始点としてもう一方のベクトルをつなげて，新しいベクトルを作る演算なんだね。

🧑 uの方は移動できないんですか？

👨 それはいい質問だね。もちろん，vの終点にuを平行移動させることもできるよ。図で描けば，

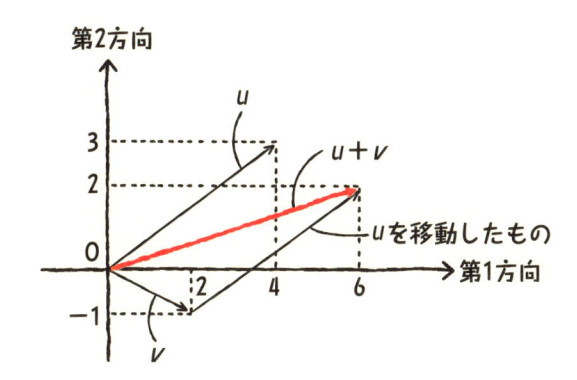

のようになる。

🧑 平行四辺形ができましたね。

🪙 交換法則，結合法則，分配法則

🧑‍🦳 そう。2つのベクトルの和には，一般に

$$u+v=v+u$$

という性質があるんだ。この式を図示すると，今のような平行四辺形ができるんだね。

🧑 この式は見たことがあります。

🧑‍🦳 これをベクトルの加法に関する**交換法則**というんだ。

🧑 でも，これってそんなに大事なことなんですか？　なんか当たり前のような気もしますけど……。

🧑‍🦳 もちろんそうなんだけど，暗黙のうちに使ってる法則をきちんと意識して記述することも，数学では大切なんだ*。

🧑 暗黙のうち，ですか……。

🧑‍🦳 そう。暗黙のうちに使ってる法則はまだあるよ。今度は3つのベクトルの和についての法則だ。

🧑 3つですか，難しそう……。

🧑‍🦳 これも図で描けばどうってことないよ。3つのベクトルを u, v, w としようか。

🧑 具体的には，どんなものですか？

🧑‍🦳 これについては，具体例だとかえってわかりにくいと思うんだ。例えば，3本のベクトルが次のようなものだったとする。

＊どうしてこんなことを言うのかというと，もしかしたら「交換法則」が成り立たないような対象がないとも限らないからなんだ。これについては，あとで行列の掛け算を勉強するときにまた考えよう。

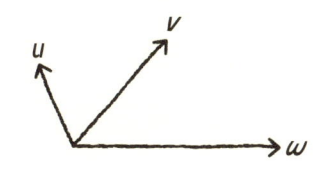

そして，これら3つのベクトルすべてについての和をとろう。

🧑3つの和ですか。どうするんですか？

👨順番に足していくしかないよね。例えば，まずuとvを足してから最後にwを足すと，こんな図になる。

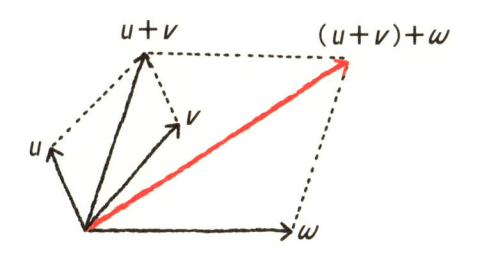

🧑えーと……。確かにそうですね。

👨でも，足し算の順番を変えて，まずvとwの和をとってから，それをuに足すことにすれば，こんな図になる。

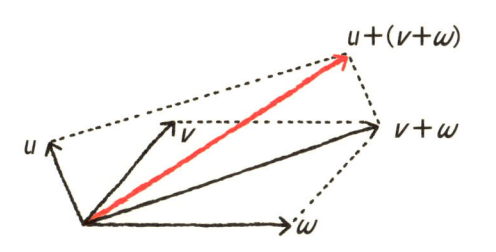

🧑結果は同じなんですね。

1-2 ベクトルのスカラー倍，和と差

🧑‍🦳 そうだね。これを式で書けば,
$$(u+v)+w=u+(v+w)$$
となるよね。

🧑 はあ。

🧑‍🦳 これを加法に関する**結合法則**というんだ。

🧑 聞いたことはあります。

🧑‍🦳 じゃあ,次。

🧑 まだあるんですか。

🧑‍🦳 一応これで最後だけど,今度はスカラーが関係する法則なんだ。

🧑 どんなものですか？

🧑‍🦳 ベクトルuとvの和,$u+v$をk倍することを考えよう。

🧑 スカラー倍,ですね。

🧑‍🦳 そう。このスカラー倍については,
$$k(u+v)=ku+kv$$
が成り立つ。

🧑 これはどういう意味ですか？

🧑‍🦳 uとvそれぞれを,まずk倍してから和をとる,ということだ。これが,あらかじめuとvの和をとってからk倍したものと等しいということだね。

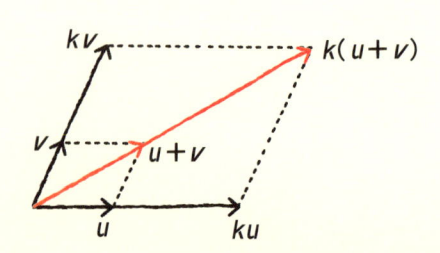

🧑 これにも名前があるんですか？

👴 これはスカラー倍に関する**分配法則**というんだけど，やはりほとんど当たり前だね。

● ベクトルの差

🧑 ところで，ベクトルの引き算がよくわからないんですけど……。

👴 確かに最初はちょっとわかりにくいけど，それはここまでの知識で簡単に理解できるはずなんだ。

🧑 そうなんですか？

👴 また図で考えよう。

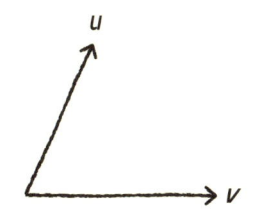

🧑 さっきと同じような図ですね。

👴 でも，ここでは引き算 $u-v$ を考える。

🧑 どうすればいいんですか？

👴 $u-v$ というのは，u に $-v$ を足したものと考えることができるよね。

🧑 $-v$ って何ですか？

👴 ベクトルのスカラー倍を思い出そう。これは v を -1 倍したものだね。

🧑 スカラー倍って，方向は変えずに長さを何倍かしたベクトルのことでしたよね。

👴 そうだったね。だから -1 倍ということは v を逆向きにしたベクトルと考えられるだろう？

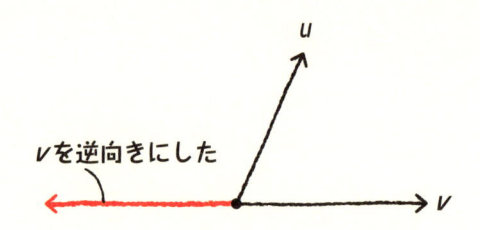

🧑 なるほど，そういうことですか。

👴 つまり，$u-v=u+(-v)$ を図で示せば，次のようになる。

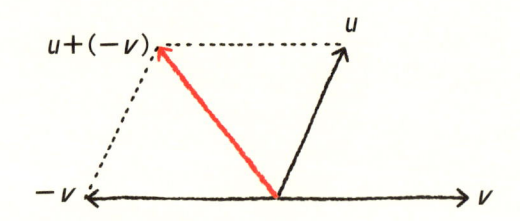

🧑 三角形ができましたね。

👴 この図に $u+v$ も描き込んでみよう。

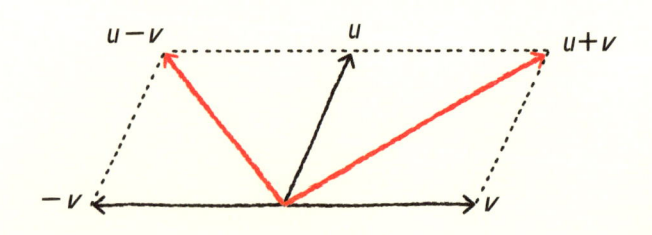

$u-v$ を平行移動すれば，$u+v$ と $u-v$ のいずれも平行四辺形の対角線になっていることがわかるね。

🧑 そうですね。

👨 ベクトルの差にはこのような図形的な意味があるんだ。じゃあ、その成分はどうなるかわかるかな？

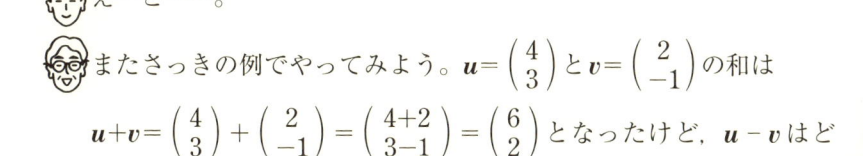

🧑 えーと……。

👨 またさっきの例でやってみよう。$u = \begin{pmatrix} 4 \\ 3 \end{pmatrix}$ と $v = \begin{pmatrix} 2 \\ -1 \end{pmatrix}$ の和は

$$u+v = \begin{pmatrix} 4 \\ 3 \end{pmatrix} + \begin{pmatrix} 2 \\ -1 \end{pmatrix} = \begin{pmatrix} 4+2 \\ 3-1 \end{pmatrix} = \begin{pmatrix} 6 \\ 2 \end{pmatrix}$$

となったけど、$u-v$ はどうなる？

🧑 やはり同じ場所の数を引き算するんですか？

👨 ……そうだけど、ちゃんと同じ「成分」どうしを引き算すると言ってほしいな。

$$u-v = \begin{pmatrix} 4-2 \\ 3-(-1) \end{pmatrix} = \begin{pmatrix} 2 \\ 4 \end{pmatrix}$$

となるよね。

🔺 まとめ

●ベクトルのスカラー倍

　ベクトルuのk倍をkuと書き，uのスカラー倍という。

●ベクトルの和と差

　ベクトルuとvの和$u+v$と差$u-v$は，uとvの作る平行四辺形の対角線になる。ただし，それぞれの向きに注意。

●交換法則，結合法則，分配法則

　ベクトルの和に関して，

　　交換法則　$u+v=v+u$

　　結合法則　$(u+v)+w=u+(v+w)$

が成り立つ。

　さらに，和とスカラー倍に対して，

　　分配法則　$k(u+v)=ku+kv$

が成り立つ。

1-3 基底ベクトル

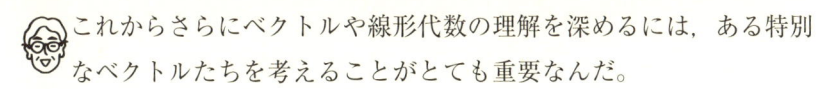

👨‍🏫 これからさらにベクトルや線形代数の理解を深めるには，ある特別なベクトルたちを考えることがとても重要なんだ。

🧑 特別なベクトルって何ですか？

● ベクトルの分解

👨‍🏫 例えば，さっき2次元ベクトル $\boldsymbol{a} = \begin{pmatrix} 4 \\ 3 \end{pmatrix}$ を考えたよね。

🧑 はい。

👨‍🏫 2つのベクトルの足し算を逆に使えば，このベクトルは

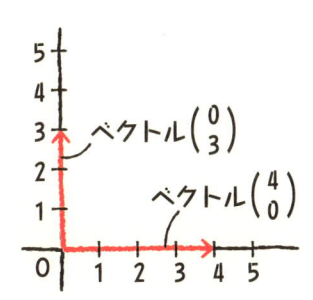

$$\boldsymbol{a} = \begin{pmatrix} 4 \\ 3 \end{pmatrix} = \begin{pmatrix} 4 \\ 0 \end{pmatrix} + \begin{pmatrix} 0 \\ 3 \end{pmatrix}$$

のように分解できることはすぐにわかる。

🧑 えーと，$\begin{pmatrix} 4 \\ 0 \end{pmatrix} + \begin{pmatrix} 0 \\ 3 \end{pmatrix} = \begin{pmatrix} 4 \\ 3 \end{pmatrix}$ だからですか？

👨‍🏫 そう。ここに現れた2つのベクトル $\begin{pmatrix} 4 \\ 0 \end{pmatrix}$ と $\begin{pmatrix} 0 \\ 3 \end{pmatrix}$ は，それぞれ次のようなベクトルだ。

そっぽを向いちゃってますね。

そうだね。こういうのを，互いに「直交する」と言うよね。

よく使う言葉ですね。

で，これらをさらに分解してみよう。

まだ分解するんですか？

そう。ベクトルのスカラー倍を使えば，

$$\begin{pmatrix} 4 \\ 0 \end{pmatrix} = 4 \times \begin{pmatrix} 1 \\ 0 \end{pmatrix}$$

と

$$\begin{pmatrix} 0 \\ 3 \end{pmatrix} = 3 \times \begin{pmatrix} 0 \\ 1 \end{pmatrix}$$

にそれぞれ分解できるよね。

はあ。まあ，そうですね。

で，これを使って最初のベクトル a を書くとどうなる？

$a = \begin{pmatrix} 4 \\ 0 \end{pmatrix} + \begin{pmatrix} 0 \\ 3 \end{pmatrix}$ だったから，えーと……。

結局，

$$a = \begin{pmatrix} 4 \\ 0 \end{pmatrix} + \begin{pmatrix} 0 \\ 3 \end{pmatrix} = 4 \times \begin{pmatrix} 1 \\ 0 \end{pmatrix} + 3 \times \begin{pmatrix} 0 \\ 1 \end{pmatrix}$$

となるよね。

……そうですね。

● 平面の正規直交基底

ここに現れた $\begin{pmatrix} 1 \\ 0 \end{pmatrix}$ と $\begin{pmatrix} 0 \\ 1 \end{pmatrix}$ というベクトルたちは，図で描くととても単純なものだね。

🧑 えーと，

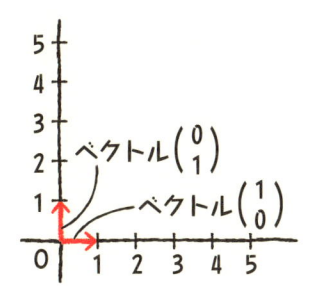

```
5
4
3  ベクトル (0,1)
2
1  ベクトル (1,0)
0  1  2  3  4  5
```

こんな感じですか？

👨 そうだね。これらは，それぞれ第1方向と第2方向を向いた，長さが1の互いに直交するベクトルだ。

🧑 それはわかりますけど，何でこれがそんなに重要なんですか？

👨 つまり，この2本のベクトルさえあれば，2次元平面上の任意のベクトルが作れるからだよね。

🧑 えっ，そうなんですか？

👨 2次元平面上の任意のベクトルを，さっきのように $v = \begin{pmatrix} a \\ b \end{pmatrix}$ と書くことにしよう。a と b は，もちろん任意の実数だ。

🧑 これが $\begin{pmatrix} 1 \\ 0 \end{pmatrix}$ と $\begin{pmatrix} 0 \\ 1 \end{pmatrix}$ を使って書けるってことですか？

👨 もちろん。前の例を参考にすれば，

$$v = \begin{pmatrix} a \\ 0 \end{pmatrix} + \begin{pmatrix} 0 \\ b \end{pmatrix} = a \times \begin{pmatrix} 1 \\ 0 \end{pmatrix} + b \times \begin{pmatrix} 0 \\ 1 \end{pmatrix}$$

のように書けることはすぐにわかるよね。講義でも出てきたと思うけど，こういうのを「v は $\begin{pmatrix} 1 \\ 0 \end{pmatrix}$ と $\begin{pmatrix} 0 \\ 1 \end{pmatrix}$ の線形結合で書ける」と言うんだ。

😊 そういうことですか。確かに「線形結合」って、聞いたことはあります。

🧑‍🦳 以後、これらを

$$\begin{pmatrix} 1 \\ 0 \end{pmatrix} = e_1, \quad \begin{pmatrix} 0 \\ 1 \end{pmatrix} = e_2$$

と書くことにして、$\{e_1, e_2\}$ を2次元平面の<u>正規直交基底</u>と呼ぼう。

😊 なんだかカッコイイ言葉ですね。

🧑‍🦳 「正規」ってのは、これらのベクトルの長さがどちらも1ということ。

😊 「直交」は互いに直交してるからってことですよね。「基底」っていうのは？

🧑‍🦳 それはちょっと説明が必要だね。まず、これらのベクトルが「独立」だということが1つ。

😊 「独立」って前にも出てきましたよね。

🧑‍🦳 そうだね。あるベクトルが、もう一方のベクトルの単なるスカラー倍で書けないとき、これらは<u>独立</u>というんだ。

😊 どういうことですか？

🧑‍🦳 まあ、図で描けば簡単で、こんなふうに

2本のベクトルが完全に同じ方向を向いてはいないとき、これらを独立なベクトル* というんだね。

😊 今の e_1, e_2 は全然違う方向を向いてますね。

＊正確には、1次独立あるいは線形独立なベクトル。

だから，これらは互いに独立なベクトルの典型的なものだね。でも，一般に「独立」といったら，この図のように，ちょっとでも違う方向を向いていれば十分なんだ。

それで，「基底」って何ですか？

基底というのは，互いに独立であることに加えて，任意のベクトルがそれらの線形結合，つまり和とスカラー倍で作れてしまうようなベクトルの「ひとそろい」のことをいうんだ。

はあ。

まとめると，2次元平面の正規直交基底を使って，任意のベクトル $\boldsymbol{v} = \begin{pmatrix} a \\ b \end{pmatrix}$ は

$$\boldsymbol{v} = a\boldsymbol{e}_1 + b\boldsymbol{e}_2$$

と書けるということだね。

● 空間の正規直交基底

じゃあ，次は3次元空間の正規直交基底がどんなものになるか考えてみよう。

難しそうですね。

まあそう否定的に考えるのはやめよう。平面のときと同様に，任意のベクトル $\boldsymbol{V} = \begin{pmatrix} a \\ b \\ c \end{pmatrix}$ を分解するんだ。

えーと……。なんか成分が1つ増えただけでよくわからなくなりました。

しょうがないなあ。今度は3成分あるから，

$$V = a \times \begin{pmatrix} 1 \\ 0 \\ 0 \end{pmatrix} + b \times \begin{pmatrix} 0 \\ 1 \\ 0 \end{pmatrix} + c \times \begin{pmatrix} 0 \\ 0 \\ 1 \end{pmatrix}$$

のようになるよね。

ああ，そうか。

そして，やはり平面のときのように，

$$\begin{pmatrix} 1 \\ 0 \\ 0 \end{pmatrix} = e_1, \quad \begin{pmatrix} 0 \\ 1 \\ 0 \end{pmatrix} = e_2, \quad \begin{pmatrix} 0 \\ 0 \\ 1 \end{pmatrix} = e_3$$

と書くことにすれば，$\{e_1, e_2, e_3\}$ が3次元空間の正規直交基底になるんだ。

今度は3つあるんですね。

そう。3次元空間のベクトルを線形結合で作るには，一般に3つの独立なベクトルが必要なんだ。これらを図に描いてごらん。

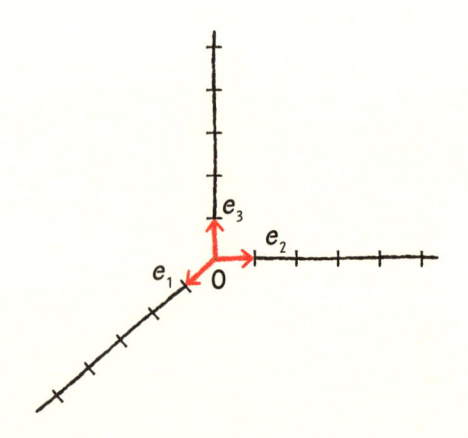

えーと，

でいいですか？

👨‍🦳 その通りだね。でもここで注意しておくけど，2つのベクトルが独立っていうのは，同じ方向を向いてないってことだったよね。

🧑 そうでした。

👨‍🦳 今のように，3つのベクトルが独立って，どういうことだろう？

🧑 えーと……，そう言われても，よくわかりません。

👨‍🦳 3つのベクトルが独立ということは，3つのうちどの1つをとっても，それが他の2つの線形結合になってないってことなんだ。

🧑 ……，全然だめです。

👨‍🦳 具体的には，どうがんばってスカラーαとβを選んでも，例えば

$$e_3 = \alpha e_1 + \beta e_2$$

とは書けないってことだね。他の2つについても同様に

$$e_1 = \alpha e_2 + \beta e_3$$

とか

$$e_2 = \alpha e_3 + \beta e_1$$

などとは書けないということになる*。

🧑 これはどういう意味ですか？

👨‍🦳 例えば，e_3はe_1とe_2が作る平面に収まっていないという意味だね。今の場合，図から明らかにこの条件は成り立っている。e_1とe_2についても同様だよね。

---

*標準的な線形代数の教科書では，これら3つの条件はもう少し簡潔に，

「$ae_1 + be_2 + ce_3 = 0$ となるのは，$a = b = c = 0$ の場合に限る」

のように表現されることが多い。どうしてこれでいいのかというと，もしこの式が成り立つような0でないa, b, cがあったとすれば，例えば

$$e_3 = -\frac{a}{c} e_1 - \frac{b}{c} e_2$$

と書けてしまうからである。ここで，$c \neq 0$だから式全体をcで割れることを使った。

なるほど，そういうことですか。

これらを用いて，一般に3次元のベクトル $V=\begin{pmatrix} a \\ b \\ c \end{pmatrix}$ は

$$V = a e_1 + b e_2 + c e_3$$

のように書けるんだ。

> ### コラム　K先生の独り言「ベクトルの表現」
>
> 3次元ベクトルの2つの表現，
>
> $$V = \begin{pmatrix} a \\ b \\ c \end{pmatrix} \quad と \quad V = a e_1 + b e_2 + c e_3$$
>
> を比べてみると，明らかに1つ目の表現の方が簡単だ。このように，ただ「数が並んだだけ*」の極端に抽象的なものを「数ベクトル」と呼ぶ。
>
> 　数ベクトルは，そのままでは幾何学的な意味，つまり図形的な意味がはっきりしない。だからA君の疑問は，ある意味で正しいものだ。一方，2つ目の正規直交基底を使った書き方なら，それは原点を始点とした，ある「矢印」であることははっきりしている。この節で解説してきたのは，実は前者の数ベクトルと，後者の基底を使った表現は，同じものと思っても不都合は何もないということだったんだ。数学では，このような状況を「前者と後者には1対1の対応がつけられる」という。抽象的な数ベクトルでしか表せない対象も，図形的に考えることによって，考察が飛躍的に進むことが多いんだ。

* A君による表現。

● まとめ

●平面の正規直交基底

$$e_1 = \begin{pmatrix} 1 \\ 0 \end{pmatrix}, \quad e_2 = \begin{pmatrix} 0 \\ 1 \end{pmatrix}$$ を用いて，任意の平面ベクトル $v = \begin{pmatrix} a \\ b \end{pmatrix}$ は

$$v = ae_1 + be_2$$

と書ける。

●空間の正規直交基底

$$e_1 = \begin{pmatrix} 1 \\ 0 \\ 0 \end{pmatrix}, \quad e_2 = \begin{pmatrix} 0 \\ 1 \\ 0 \end{pmatrix}, \quad e_3 = \begin{pmatrix} 0 \\ 0 \\ 1 \end{pmatrix}$$ を用いて，任意の空間ベクトル $V = \begin{pmatrix} a \\ b \\ c \end{pmatrix}$ は

$$V = ae_1 + be_2 + ce_3$$

と書ける。

1-4 内積

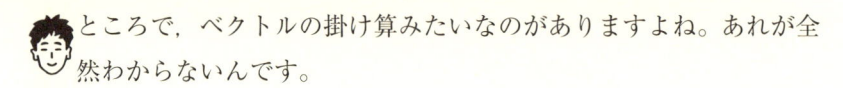

😀 ところで，ベクトルの掛け算みたいなのがありますよね。あれが全然わからないんです。

🧑‍🏫 内積とか，外積のこと？

😀 確かそんな名前だったような気もしますが……。とにかく，何種類もあってよくわからないんです。

🧑‍🏫 この2つしかないんだけどなあ。じゃあ，まず内積から考えてみようか。

● 平面ベクトルの内積

🧑‍🏫 まず平面上の2本のベクトル，$\boldsymbol{a}=\begin{pmatrix}a_1\\a_2\end{pmatrix}$と$\boldsymbol{b}=\begin{pmatrix}b_1\\b_2\end{pmatrix}$を考えよう。
そして，これら2つのベクトルの**内積**を

$$\boldsymbol{a}\cdot\boldsymbol{b}=a_1b_1+a_2b_2$$

と定義するんだ。

😀 いきなりですか？ いつも，これだからよくわからなくなるんですよね。

🧑‍🏫 そうかもしれないけど，そんなことよりこの「内積」が，2本のベクトルから何を作る操作なのか，わかってるかな？

😀 作る？

🧑‍🏫 そう。数学の演算というのは，まず材料があって，それらから何かを作り出す操作だよね。

🧒言ってることが難しくて，ぜんぜんわかりませんよぅ。

👨例えば，数どうしの掛け算というのは，ある数ともう1つの数から，さらに別の数を作り出す操作のことだ。

🧒2×3=6とかのことですか？

👨そうそう。この場合は？

🧒だめです。わかりません。

👨しょうがないなあ。右辺を見てごらん。$a_1b_1+a_2b_2$は，それぞれのベクトルの成分を掛けて足したものだから，ただの数，つまりスカラーだよね。

🧒はあ。

👨つまり，ベクトルどうしの内積 $\boldsymbol{a}\cdot\boldsymbol{b}$ というのは，2本のベクトルからスカラーを作る操作なんだ。

🧒はあ，でも，そんなことして，何か意味があるんですか？

👨また過激な疑問をもつなあ。もちろんあるさ。ただ，説明するのは長くなるけど。

● ベクトルの長さ

🧒長くてもいいので，お願いします。

👨じゃあ，まずはベクトルの長さを考えよう。ベクトル $\boldsymbol{a}=\begin{pmatrix}a_1\\a_2\end{pmatrix}$ の長さは，成分 a_1 と a_2 でどんなふうに表せるだろう？

🧒どうしていきなり長さなんですか？

🧓 ベクトルの長さと内積や外積には，密接なつながりがあるんだ。とにかく次の図から長さと成分の関係を見つけよう。

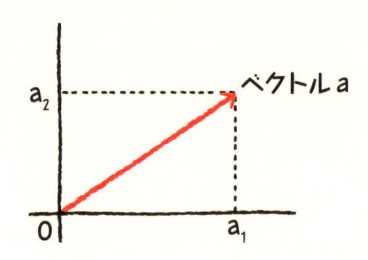

🧑 えーと……。

🧓 要するにこの直角三角形の斜辺の長さがわかればいいんだから……。

🧑 確か，三平方？

🧓 そうだね。三平方の定理を使えば，斜辺の長さの2乗が $|\boldsymbol{a}|^2 = a_1^2 + a_2^2$ とわかって，
$$|\boldsymbol{a}| = \sqrt{a_1^2 + a_2^2}$$
が求まるね。

🧑 そうですね。

🧓 で，ここでベクトル $\boldsymbol{a}$ の自分自身との内積 $\boldsymbol{a}\cdot\boldsymbol{a}$ を計算してみよう。

🧑 えーと，$\boldsymbol{a} = \begin{pmatrix} a_1 \\ a_2 \end{pmatrix}$ だから，
$$\boldsymbol{a}\cdot\boldsymbol{a} = a_1 \times a_1 + a_2 \times a_2 = a_1^2 + a_2^2$$
でいいですか？

🧓 そうだね。一方，$|\boldsymbol{a}| = \sqrt{a_1^2 + a_2^2}$ だから，結局
$$\boldsymbol{a}\cdot\boldsymbol{a} = |\boldsymbol{a}|^2$$
がわかる。

🧑 自分自身との内積は，長さの2乗になるんですね。

🧑‍🏫 ベクトルの内積が重要な演算である理由の一つは，これなんだ。つまり，「ベクトルの長さ」という，「どの方向から見ても変わらない」量が計算できるんだ。

🧑 またまたよくわからない言い方ですね。どの方向から見ても変わらないって，どういうことですか？

🧑‍🏫 さっきの図はある人がベクトルaを見た図だけど，この人に対して斜めを向いた人からは，同じベクトルaが，例えば

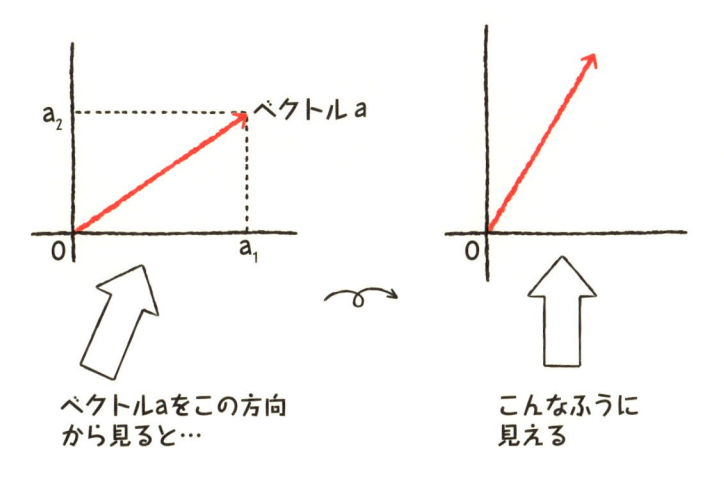

のように見えるとする。

🧑 はあ。

🧑‍🏫 このとき，斜め向きの人にとっては，ベクトルaの成分は最初の人のそれとは，全然違う値になるはずだよね。

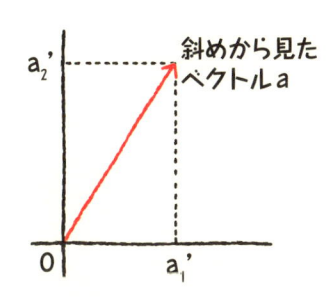

1-4 内積

🙂 そうでしょうね。

🧑‍🦳 でも，どちらの人にとってもこのベクトルの長さ，つまり自分自身との内積の値の平方根が同じになることには異論がないはずだ。

🙂 それはそうですね。

🧑‍🦳 このように内積というのは，あるベクトルの「どの方向から見ても変わらない」量を取り出すことができる，便利な操作といえるんだ。

🙂 そうだったんですか！

● 2本のベクトルがはさむ角

🧑‍🦳 次は，2本の異なるベクトル a と b がはさむ角 θ について考えてみることにしよう。

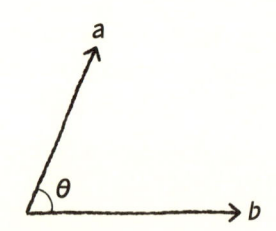

🙂 これも内積と関係があるんですか？

🧑‍🦳 そう。むしろこちらの方が大切かもしれないよ。三角関数の「余弦定理」は覚えてる？

🙂 ……。

🧑‍🦳 この図に，ベクトル $a-b$ を描き加えると，次のような三角形ができるよね。

😀 はあ。

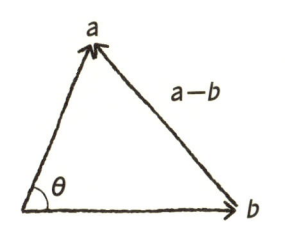

👴 そして，この三角形の各辺の長さは，それぞれのベクトルの長さだ。

😀 そうですね。

👴 いま各辺の長さをそれぞれ a, b, c として，それらと角 θ の関係を余弦定理を用いて書くと

$$c^2 = a^2 + b^2 - 2ab\cos\theta$$

となるよね*。

😀 そういえば，見たことのある式です。

👴 この定理は認めることにしよう。そうすると，$c^2 = |\boldsymbol{a}-\boldsymbol{b}|^2$ だから，先ほどのベクトルの長さの2乗と内積の関係から，

$$c^2 = |\boldsymbol{a}-\boldsymbol{b}|^2 = (\boldsymbol{a}-\boldsymbol{b})\cdot(\boldsymbol{a}-\boldsymbol{b})$$

がいえる。

😀 はあ。

👴 次にこの式の右辺を展開して，やはりそれぞれのベクトルの長さの2乗で書けば

$$\begin{aligned}
c^2 &= (\boldsymbol{a}-\boldsymbol{b})\cdot(\boldsymbol{a}-\boldsymbol{b}) \\
&= \boldsymbol{a}\cdot\boldsymbol{a} - 2\boldsymbol{a}\cdot\boldsymbol{b} + \boldsymbol{b}\cdot\boldsymbol{b} \\
&= |\boldsymbol{a}|^2 + |\boldsymbol{b}|^2 - 2\boldsymbol{a}\cdot\boldsymbol{b} \\
&= a^2 + b^2 - 2\boldsymbol{a}\cdot\boldsymbol{b}
\end{aligned}$$

となるよね。

---

*証明は，高校の教科書等を参照のこと。

🧑 えーと，そうですね。

👴 この最後の関係式

$$c^2 = a^2 + b^2 - 2\boldsymbol{a} \cdot \boldsymbol{b}$$

と，余弦定理

$$c^2 = a^2 + b^2 - 2ab\cos\theta$$

を見比べると，

$$\boldsymbol{a} \cdot \boldsymbol{b} = ab\cos\theta = |\boldsymbol{a}||\boldsymbol{b}|\cos\theta$$

がわかる。

🧑 なんか見たことのある式です。

👴 まあそうだろうね。これが2本のベクトルの内積と，それらがはさむ角の関係なんだ。

🧑 内積で，2本のベクトルがはさむ角度がわかるんですね。

👴 そう。特に2本のベクトルが直交していれば$\cos\frac{\pi}{2}=0$だから，内積は0になる。つまり，内積がゼロかどうかで，直交性が判定できるんだ。

🧑 そういえば，講義でもそんなことを言っていました。

👴 そしてさらに重要なのは，右辺がこの2本のベクトルの「長さ」と「はさむ角」でできているということ。これらはすべて「どの方向から見ても変わらない量」だよね。

🧑 えーと，「長さ」も「はさむ角」も斜めから見たときに変わらないってことですか？

👴 そうだね。内積というのは，ベクトルどうしの関係のうち，どの方向から見ても変わらないものを取り出す操作なんだね。

空間ベクトルの内積

👨‍🦳 じゃあ、次は空間のベクトルについての内積を考えてみよう。

🧑 また空間ですか、難しくなりそうですね。

👨‍🦳 確かに、初めてだとわかりにくいところだとはいえるよね。

🧑 やっぱり……。

👨‍🦳 でも、空間図形の把握さえできれば大丈夫だから、がんばってみよう。

🧑 はい。

👨‍🦳 まずは空間ベクトル $\boldsymbol{A}=\begin{pmatrix}a_1\\a_2\\a_3\end{pmatrix}$ と $\boldsymbol{B}=\begin{pmatrix}b_1\\b_2\\b_3\end{pmatrix}$ の内積を、平面の場合と同様に、

$$\boldsymbol{A}\cdot\boldsymbol{B}=a_1b_1+a_2b_2+a_3b_3$$

と定義しよう。

🧑 平面のときと似てますね。

👨‍🦳 第3成分どうしの積が加わっただけだからね。これもやはり、2本のベクトルからスカラーを作る操作であることはわかるよね。

🧑 そうですね。

👨‍🦳 そしてやはりベクトル $\boldsymbol{A}$ の自分自身との内積は長さの2乗を与えることもわかる。これは次の図から明らかだね。

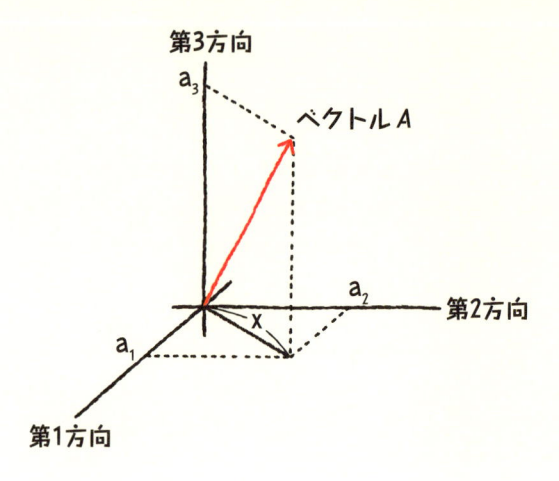

第3方向／第2方向／第1方向／ベクトルA／a_1, a_2, a_3／x

🧑 よくわかりませんけど……。

👨 じゃあまず，第3軸の真上から光を当てて，Aの1-2平面への射影を考えよう。

🧑 射影ですか？

👨 ただの影のこと。この影の長さxの2乗が三平方の定理から

$$x^2 = a_1^2 + a_2^2$$

となるのはいいよね。

🧑 まあ，なんとか……。

👨 そして，ベクトルA自身の長さの2乗$|A|^2$は，やはり三平方の定理を使えば$|A|^2 = x^2 + a_3^2$となるから，x^2を代入すれば，

$$|A|^2 = a_1^2 + a_2^2 + a_3^2$$

となる。これは自分自身との内積$A \cdot A$だね。

🧑 えーと，確かに。

👨 それから，2本のベクトルA，Bのはさむ角θと内積の関係も，平面の場合と同様に

$$A \cdot B = |A||B|\cos\theta$$

となることがわかる。

🧑 そうなんですか？

👨 これを理解するには，AとBが作る平面を考えればいいんだ。

🧑 何ですか，その平面って？

👨 同じ方向を向いていない2本のベクトルがあれば，その2本とも図のように「ある平面」にのっているはずだよね。

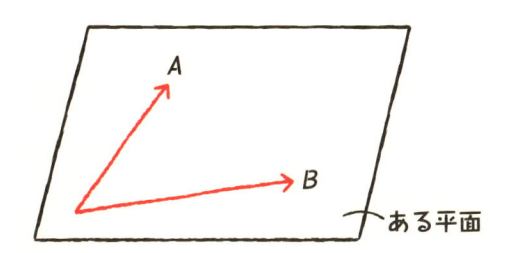

🧑 ああ，そうか。

👨 だから，異なる方向を向いた2本のベクトルは，ある平面を一意的に定めるんだね。

🧑 はあ……。何ですか，その一意的って？

👨 ただ1つに決まるってこと。数学ではよく使う言葉だね。ただ1つに決まるか，それとも別の可能性があるかどうかをはっきりさせることは，数学では特に重要だからね。

🧑 で，この平面が何か？

👨 この平面上で，さっきのような余弦定理を考えてみるんだ。そうすると，3次元ベクトルの内積の関係式*が出てくるよ。

🧑 ということは？

👨 結局，空間内のベクトルの場合も，内積というのはベクトルの長さやはさむ角のような，どの方向から見ても変わらない量になるんだ。

---

*この関係式の導出は，平面内のベクトルの場合とまったく同様である。

コラム　K先生の独り言「スカラー量について」

　会話の中では，ベクトルの内積はどの方向から見ても変わらない量，という表現をしたけど，この事実を数学の講義では「回転に対して不変」と表現することが多い。つまり，ベクトルの内積というのは，平面や空間内の回転という「視点の変換」に対して不変な量なんだ。このように，視点の変換をしても変わらない量を「スカラー」あるいは「スカラー量」という。会話の中では，スカラーとは「ただの数のこと」のような表現になっているけど，本当はあまり正しい言い方とはいえないんだ。

まとめ

●平面ベクトルの内積

平面ベクトル $\boldsymbol{a}=\begin{pmatrix}a_1\\a_2\end{pmatrix}$ と $\boldsymbol{b}=\begin{pmatrix}b_1\\b_2\end{pmatrix}$ の内積は

$$\boldsymbol{a}\cdot\boldsymbol{b}=a_1b_1+a_2b_2$$

と定義される。

●空間ベクトルの内積

空間ベクトル $\boldsymbol{A}=\begin{pmatrix}a_1\\a_2\\a_3\end{pmatrix}$ と $\boldsymbol{B}=\begin{pmatrix}b_1\\b_2\\b_3\end{pmatrix}$ の内積は

$$\boldsymbol{A}\cdot\boldsymbol{B}=a_1b_1+a_2b_2+a_3b_3$$

と定義される。

●ベクトルの長さ，はさむ角と内積

平面でも空間でも，いずれの場合も，ベクトルの長さ $|\boldsymbol{v}|$ と内積には，

$$\boldsymbol{v}\cdot\boldsymbol{v}=|\boldsymbol{v}|^2$$

の関係がある。また，2本のベクトル $\boldsymbol{v}$ と $\boldsymbol{w}$ がはさむ角 θ に対して，

$$\boldsymbol{v}\cdot\boldsymbol{w}=|\boldsymbol{v}||\boldsymbol{w}|\cos\theta$$

が成り立つ。

1-5 外積（ベクトル積）

基底ベクトルの外積

👨‍🏫 じゃあ，次は「外積」について考えるよ。

🧑 はい。

👨‍🏫 まず基本的な事実から確認しておこう。

🧑 なんだか緊張します。

👨‍🏫 頭の中で，イメージを作ってみるんだ。今見たように，空間ベクトル A と B はある平面を作るけど，さらにその平面上に，これら2本のベクトルによって作られる平行四辺形が決まる。

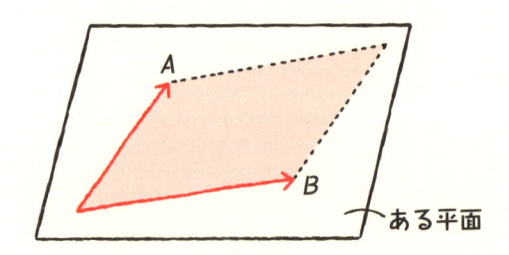

🧑 平行四辺形ですか？

👨‍🏫 そう。この平行四辺形は，A と B によって決まる，ある面積をもつよね。

🧑 はあ。

👨‍🏫 ベクトル A と B の**外積**というのは，この平面に垂直で，かつこの平行四辺形の面積の大きさを長さにもつような，あるベクトルを作る操作なんだ。

🧑 全然わかりません。また新しいベクトルを作るんですか？

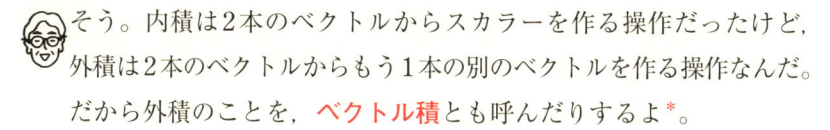

👨 そう。内積は2本のベクトルからスカラーを作る操作だったけど，外積は2本のベクトルからもう1本の別のベクトルを作る操作なんだ。だから外積のことを，**ベクトル積**とも呼んだりするよ*。

🧑 そうなんですか。

👨 まあ，いきなり定義式を書いてしまってもいいけど，簡単な例からはじめよう。前に出てきた，空間の正規直交基底のうち，e_1 と e_2 の外積はどんなベクトルになるだろう？

🧑 e_1 と e_2 って，確か

$$e_1 = \begin{pmatrix} 1 \\ 0 \\ 0 \end{pmatrix}, \quad e_2 = \begin{pmatrix} 0 \\ 1 \\ 0 \end{pmatrix}$$

のようなベクトルでしたっけ？

👨 そうだね。つまり，どちらも1-2平面にあって互いに直交しているから，これらの作る平行四辺形は

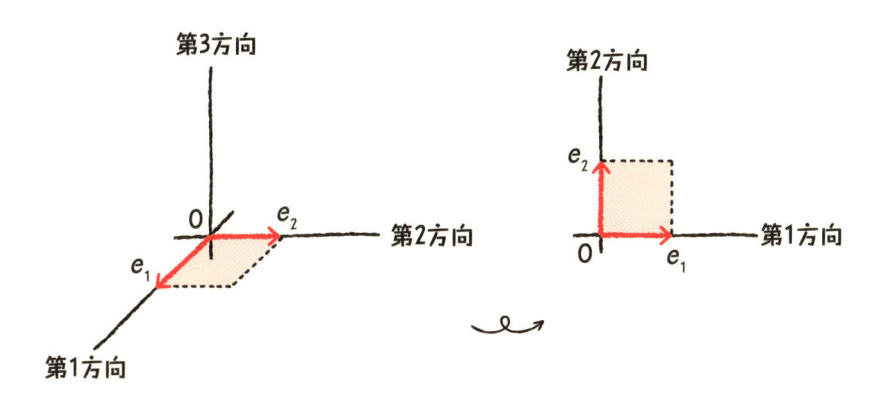

のように，きっちり正方形になってるよね。しかも1辺の長さは1だから，面積も1だ。

🧑 ということは？

＊この呼び名に対応して，内積をスカラー積と呼ぶこともある。

😀 e_1 と e_2 の外積 $e_1 \times e_2$ は,「1-2平面に垂直で,長さ1のベクトル」ということになるよね。

🧑 1-2平面に垂直ということは,第3方向を向いた長さ1のベクトルですね。

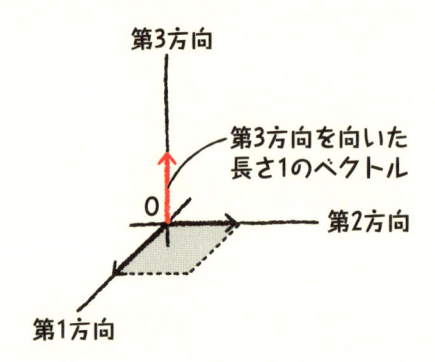

😀 まあそうなんだけど,それには2つの可能性があるよね。

🧑 えっ,そうですか？

😀 つまり,第3軸のプラス方向か,マイナス方向かっていう可能性だ。

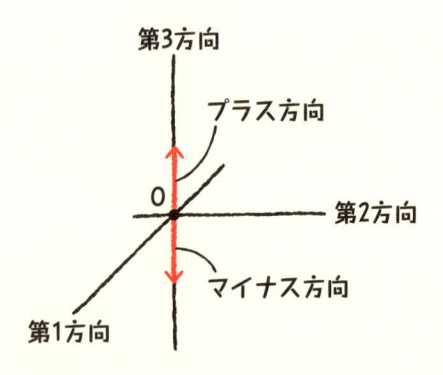

🧑 ……そうか。プラス方向しか考えていませんでした。それで,どっちなんですか？

🧑‍🦳 まあ，どっちでもいいんだけど，普通は「右ねじの向き」に決めることが多いよ。

🧑 右ねじ？

🧑‍🦳 そう。e_1からe_2に向かって右ねじを回したとき*に，そのねじが進む方向だね。

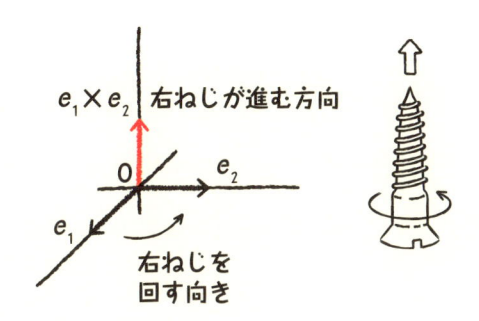

[図：$e_1 \times e_2$ 右ねじが進む方向／右ねじを回す向き／ねじの図]

🧑 普通のねじ回しの進み方ですね。

🧑‍🦳 そうだね。だから，今の場合は第3軸のプラス方向になって，

$$e_1 \times e_2 = \begin{pmatrix} 0 \\ 0 \\ 1 \end{pmatrix} = e_3$$

がわかる。

🧑 こんなところにねじ回しの話が出てくるんですね。

🧑‍🦳 ちょっと面白いだろう。それで，大切な注意点なんだけど，外積の順番を

$$e_2 \times e_1$$

に変えるとどうなるだろう。

🧑 えーと，右ねじだから，

---

*ただし，ねじを回す向きは角度がπより小さい方向に選ぼう。今の場合は，$\frac{\pi}{2}$だけ回す方向になる。

1-5 外積（ベクトル積）　59

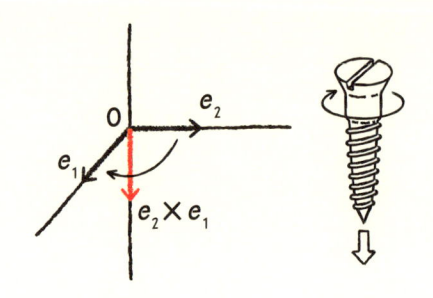

となって……，あれ？

反対方向にねじが進むよね。つまり，

$$e_2 \times e_1 = -e_3$$

となって，外積は順番を入れかえると符号が変わる。これは外積という演算の重要な性質なんだ。

面白いですね。

それから，今後のために「長方形」の場合も作っておこう。例えば，αe_1 と βe_2 のようなベクトルは1-2平面に

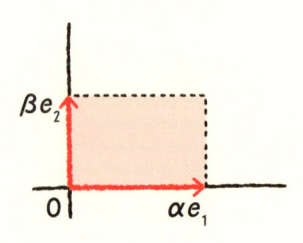

のような長方形を作る。この面積はどうなる？

$\alpha\beta$ でいいですか？

そうだね。これら2本のベクトルの外積の方向は，同様に e_3 方向だから，

$$(\alpha e_1) \times (\beta e_2) = \alpha\beta e_3$$

となることがわかるよね。

🧑 順番を変えたらどうなるんですか？

👨 もちろん，
$$(\beta e_2)\times(\alpha e_1)=-\alpha\beta e_3$$
となって符号が変わるよ。

● 外積と平行四辺形

👨 じゃあ，次は1-2平面内の2本のベクトル，$A=\begin{pmatrix}a_1\\a_2\\0\end{pmatrix}$と$B=\begin{pmatrix}b_1\\b_2\\0\end{pmatrix}$を考えよう。これらは1-2平面内の任意のベクトルだから，一般に平行四辺形を作る。

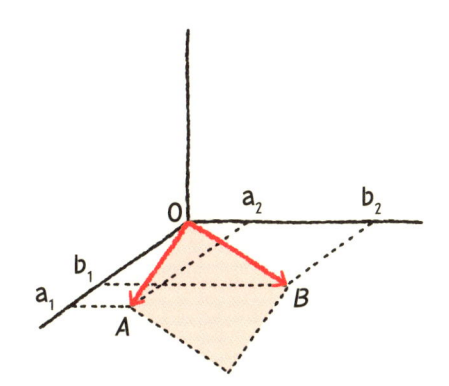

この場合の外積を作ってみよう。

🧑 むずかしそうですね。

👨 ゆっくり見ていくよ。まずは，これらのベクトルをさっきのように正規直交基底の線形結合で書いてみると
$$A=a_1 e_1+a_2 e_2$$
$$B=b_1 e_1+b_2 e_2$$
のようになるよね。

🧑 えーと……。e_3は出てこないんですか？

👨 これらは1-2平面内にあるベクトルだからね。

🧑 ああ，そうか。

👨 じゃあ，これらの外積を計算してみよう。まず，分配法則が成り立つものとすれば

$$A \times B = (a_1 e_1 + a_2 e_2) \times (b_1 e_1 + b_2 e_2)$$
$$= (a_1 e_1) \times (b_1 e_1) + (a_1 e_1) \times (b_2 e_2)$$
$$+ (a_2 e_2) \times (b_1 e_1) + (a_2 e_2) \times (b_2 e_2)$$

となる。

🧑 複雑になりましたね。

👨 そう見えるけど，右辺の第1項と最後の項は，それぞれ$(a_1 e_1) \times (b_1 e_1)$と$(a_2 e_2) \times (b_2 e_2)$のような特徴ある形をしているよね。

🧑 特徴って何ですか？

👨 よく見てごらん。どちらも，同じ方向を向いたベクトルどうしの外積になっているよ。

🧑 えーと。最初のはe_1方向どうし，後の方はe_2方向どうしになってますね。

👨 例えば最初の方を図で描けば，

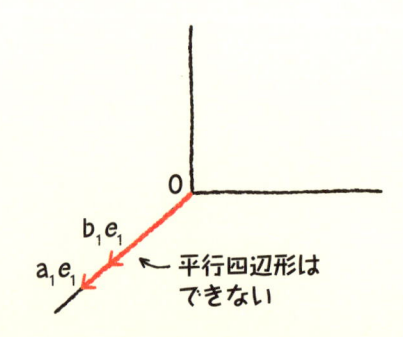

$b_1 e_1$
$a_1 e_1$
← 平行四辺形はできない

のようになって，平行四辺形はできないよね。

👦 じゃあ，外積はどうなるんですか？

👨 あえて言えば，面積が0の平行四辺形ができることになるから，このように同じ方向を向いたベクトルどうしの外積は，いつでもゼロベクトルになるんだ。

👦 そうなんですか。

👨 これを **0** と書くことにして計算を続けてみよう。さっきの長方形の面積の場合を思い出せば，

$$\begin{aligned}
\boldsymbol{A} \times \boldsymbol{B} &= (a_1\boldsymbol{e}_1) \times (b_1\boldsymbol{e}_1) + (a_1\boldsymbol{e}_1) \times (b_2\boldsymbol{e}_2) \\
&\quad + (a_2\boldsymbol{e}_2) \times (b_1\boldsymbol{e}_1) + (a_2\boldsymbol{e}_2) \times (b_2\boldsymbol{e}_2) \\
&= \boldsymbol{0} + (a_1\boldsymbol{e}_1) \times (b_2\boldsymbol{e}_2) + (a_2\boldsymbol{e}_2) \times (b_1\boldsymbol{e}_1) + \boldsymbol{0} \\
&= a_1 b_2 \boldsymbol{e}_1 \times \boldsymbol{e}_2 + a_2 b_1 \boldsymbol{e}_2 \times \boldsymbol{e}_1 \\
&= a_1 b_2 \boldsymbol{e}_3 - a_2 b_1 \boldsymbol{e}_3 \\
&= (a_1 b_2 - a_2 b_1) \boldsymbol{e}_3
\end{aligned}$$

となる。

👦 結構簡単な式になりましたね。

👨 ベクトル $\boldsymbol{A}$ と $\boldsymbol{B}$ は 1-2 平面内にあるから，外積が $\boldsymbol{e}_3$ 成分しかもたないのは予想通りだね。

👦 えーと，1-2 平面に垂直な方向だから……。そうですね。

👨 でも，これが本当に平行四辺形の面積を長さにもったベクトルなのかは，一応確かめておこう。

👦 どうすればいいんですか？

👨 まず，今見たように $\boldsymbol{A} \times \boldsymbol{B} = (a_1 b_2 - a_2 b_1) \boldsymbol{e}_3$ だから，このベクトルの長さ $|\boldsymbol{A} \times \boldsymbol{B}| = |a_1 b_2 - a_2 b_1|$ は明らかだね。

👦 そうですね。

1-5 外積（ベクトル積） 63

次に，平行四辺形の面積Sは，ベクトルA, Bの長さと，それらのなす角θがわかれば，
$$S = |A||B|\sin\theta$$
のように書けることもすぐにわかる。

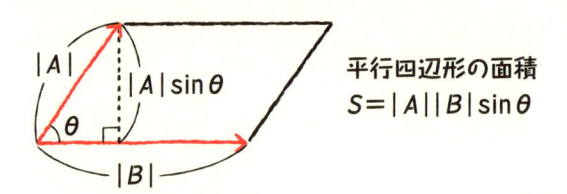

平行四辺形の面積
$S = |A||B|\sin\theta$

ただ，今のところθの範囲は0とπの間にあって$\sin\theta$は正の値をとるものとしよう*。

面積がそうなるのはわかりますけど，次に何をすればいいのかわかりません。

だから，このSがベクトル$A \times B$の長さ$|a_1b_2 - a_2b_1|$になることを確かめればいいんだ。

はあ。

実際は，$S^2 = |a_1b_2 - a_2b_1|^2$を示す方が簡単だから，これを確かめてみよう。$S^2$はどんなものになるかな？

えーと，$S^2 = |A|^2|B|^2\sin^2\theta$でいいですか？

これはさらに変形できるよ。三角関数の公式$\sin^2\theta + \cos^2\theta = 1$を使えば
$$S^2 = |A|^2|B|^2\sin^2\theta$$
$$= |A|^2|B|^2(1 - \cos^2\theta)$$
$$= |A|^2|B|^2 - |A|^2|B|^2\cos^2\theta$$
となるよね。

---

* θがπから2πの範囲にある場合も，もちろん考えられる。この場合，面積Sは負の値をとる。負の面積は，面の「向き」を決めるときに重要になるが，ここではこれ以上触れない。

🧑 はあ。

👨 最後の式の第2項に注目しよう。これはAとBの内積の2乗だよね。

🧑 えーと，$A \cdot B = |A||B|\cos\theta$ だから，ああそうか。

👨 ということは，結局
$$S^2 = |A|^2|B|^2 - (A \cdot B)^2$$
がわかった。

🧑 ここからどうするんですか？

👨 あとは，この右辺をそれぞれの成分で書いてみればいいんだ。
$$|A|^2 = a_1^2 + a_2^2$$
$$|B|^2 = b_1^2 + b_2^2$$
$$A \cdot B = a_1b_1 + a_2b_2$$
をすべて右辺に代入してみよう。

🧑 えーと，
$$S^2 = (a_1^2 + a_2^2)(b_1^2 + b_2^2) - (a_1b_1 + a_2b_2)^2$$
でいいですか？

👨 どんどん展開しないと，簡単にならないよ。

🧑 そうなんですか？

👨 しょうがないなあ，
$$\begin{aligned}S^2 &= (a_1^2 + a_2^2)(b_1^2 + b_2^2) - (a_1b_1 + a_2b_2)^2 \\ &= (a_1b_1)^2 + (a_1b_2)^2 + (a_2b_1)^2 + (a_2b_2)^2 \\ &\quad - \{(a_1b_1)^2 + 2a_1b_1a_2b_2 + (a_2b_2)^2\} \\ &= (a_1b_2)^2 + (a_2b_1)^2 - 2a_1b_1a_2b_2 \\ &= (a_1b_2 - a_2b_1)^2\end{aligned}$$
だね。

🧑 ずいぶん簡単になっちゃうんですね。

🧑‍🦳 結局，この両辺の平方根をとれば，

$$S = |a_1 b_2 - a_2 b_1|$$

となって，外積が平行四辺形の面積になることがわかったね。

🧑 わかりましたけど，ちょっと疲れてきました。

🧑‍🦳 じゃあ，今回はこのくらいにしておこう。

🧑 また質問に来てもいいですか？

🧑‍🦳 ああ，ベクトルの演算は物理でもよく使うから，ちゃんと復習しておこうね。これ，以前講義で使ってた課題なんだけど，やってみたらどうだろう？

🧑 ぎょえ。じゃあ，時間のあるときにやってみます。今日はありがとうございました。

コラム　K先生の独り言「空間ベクトルの外積」

2本のベクトル $\boldsymbol{A} = \begin{pmatrix} a_1 \\ a_2 \\ a_3 \end{pmatrix}$ および $\boldsymbol{B} = \begin{pmatrix} b_1 \\ b_2 \\ b_3 \end{pmatrix}$ の外積を考えてみよう。

A君と考えたものとは異なり，これらはどちらも1-2平面には収まっていない，一般の空間ベクトルだ。しかし，考え方や計算方法はこれまでと同じ。これが数学のいいところだね。したがって，これらは正規直交基底を用いて

$$\boldsymbol{A} = a_1 \boldsymbol{e}_1 + a_2 \boldsymbol{e}_2 + a_3 \boldsymbol{e}_3$$

$$\boldsymbol{B} = b_1 \boldsymbol{e}_1 + b_2 \boldsymbol{e}_2 + b_3 \boldsymbol{e}_3$$

と書ける。A君と考えた場合と同様に，これらの外積は基底ベクトルどうしの外積がわかれば求めることができるから，やってみよう。

まず，さっき説明したとおり $\boldsymbol{e}_1 \times \boldsymbol{e}_2 = \boldsymbol{e}_3$ および $\boldsymbol{e}_2 \times \boldsymbol{e}_1 = -\boldsymbol{e}_3$ である。同じ方向どうしの外積が 0 になるのは明らかなので，あと必要なのは

$e_2 \times e_3$ と $e_3 \times e_1$，およびこれらの積の順番を入れかえたものだね。2本の正規直交基底ベクトルが作るのは，面積1の正方形だから，図から明らかなように，

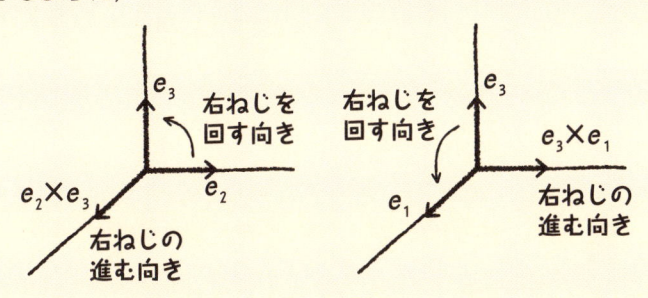

$$e_2 \times e_3 = e_1$$
$$e_3 \times e_1 = e_2$$

となる。また，順番を入れかえると符号が変わるのも同様だから，

$$e_3 \times e_2 = -e_1$$
$$e_1 \times e_3 = -e_2$$

もわかる。

以上を用いれば，

$$\begin{aligned} A \times B &= (a_1 e_1 + a_2 e_2 + a_3 e_3) \times (b_1 e_1 + b_2 e_2 + b_3 e_3) \\ &= (a_1 b_2 - a_2 b_1) e_1 \times e_2 + (a_2 b_3 - a_3 b_2) e_2 \times e_3 \\ &\quad + (a_3 b_1 - a_1 b_3) e_3 \times e_1 \\ &= (a_1 b_2 - a_2 b_1) e_3 + (a_2 b_3 - a_3 b_2) e_1 + (a_3 b_1 - a_1 b_3) e_2 \end{aligned}$$

となって，成分表示すれば

$$A \times B = \begin{pmatrix} a_2 b_3 - a_3 b_2 \\ a_3 b_1 - a_1 b_3 \\ a_1 b_2 - a_2 b_1 \end{pmatrix}$$

となることがわかった。この長さが A と B が作る平行四辺形の面積 S になっていることは，同様に S^2 をそれぞれの成分で書くことによって確かめられるよ。

ところで，今まで外積は「ベクトル」を作ると言ってきたけど，本当はこれは正確な言い方ではないんだ。一般に，ベクトルのすべての

成分にマイナス符号をつけると，そのベクトルの長さは変わらないが方向は反転するよね。この操作を「空間反転」と呼ぶんだけど，2本のベクトルから作った外積は，空間反転の操作をしても方向は変わらない。実際，$A \times B$で$A \to -A$および$B \to -B$を同時に行っても$A \times B \to A \times B$となることはすぐにわかる。このように「空間反転」で方向が変わらないようなものを「擬ベクトル」あるいは「軸性ベクトル」と呼ぶんだ。

まとめ

●空間ベクトルの外積

空間ベクトルAとBの外積(ベクトル積)$A \times B$は
- AからBに向かって右ねじの方向を向き，
- AとBの作る平行四辺形の面積を長さにもつ

擬(軸性)ベクトルである。

1章の宿題

1 3次元空間ベクトル $A=\begin{pmatrix}1\\2\\3\end{pmatrix}$ と $B=\begin{pmatrix}2\\0\\-1\end{pmatrix}$ について，次の問いに答えなさい。

(1) ベクトル A を正規直交基底 e_1, e_2, e_3 を用いて書きなさい。
(2) ベクトル B を正規直交基底 e_1, e_2, e_3 を用いて書きなさい。
(3) ベクトル A の大きさ $|A|$ を求めなさい。
(4) ベクトル B の大きさ $|B|$ を求めなさい。
(5) ベクトル $3A-2B$ を求めなさい。
(6) 内積 $A \cdot B$ を求めなさい。
(7) 外積 $A \times B$ を求めなさい。

2 3次元空間ベクトルの内積に対して，
  ・交換法則：$A \cdot B = B \cdot A$
  ・分配法則：$A \cdot (B+C) = A \cdot B + A \cdot C$
  ・結合法則：$(A \cdot B) \cdot C = A \cdot (B \cdot C)$
が成り立つかどうかを，成分計算を具体的に行って調べなさい。ただし，（ ）は，この（ ）内の計算を先に行うという意味です。

3 3次元空間ベクトルの外積に対して，
- 交換法則：$A \times B = B \times A$
- 分配法則：$A \times (B+C) = A \times B + A \times C$
- 結合法則：$(A \times B) \times C = A \times (B \times C)$

が成り立つかどうかを，成分計算を具体的に行って調べなさい。

第2章
行列と連立1次方程式

この章で学ぶこと
- 行列とは？
- 行列の演算
- 行列の基本変形
- 逆行列
- 正則行列と非正則行列

2-1 行列とその演算

　こんにちは。今いいですか？

　ああ。今回は行列の話をするんだったね。

　行列っていうのは，数字の表ですね。

● 行列とは

　確かに行列は数字の表だけど，ただ単純に数が並んでるだけのものじゃないんだよ。

　どういうことですか？ 講義ではわけわかんない計算ばっかりですけど。

　まあ，そう言わないで。いずれ慣れてくれば，行列がとても便利な道具であることがわかるよ。ここではまず，行列の「形」とその演

算について確認しておこう。

🧑 はあ。形ですか。

👨 一口に行列といっても，いろいろなサイズのものがあるだろう？

🧑 サイズって？

👨 例えば，
$$\begin{pmatrix} 1 & 2 \\ 3 & 1 \end{pmatrix}, \quad \begin{pmatrix} 1 & 2 & 3 \\ -3 & 4 & 5 \\ 1 & 2 & -1 \end{pmatrix}, \quad \begin{pmatrix} 1 & 2 \\ 3 & 1 \\ 3 & 5 \end{pmatrix}$$
などは，全部サイズの違う行列だよね。

🧑 確かに，いろいろな種類がありますね。

👨 最初の小さいやつは 2 行 2 列，真ん中の大きいのは 3 行 3 列の行列というんだ。それぞれ 2×2 行列とか 3×3 行列などということも多い。これらはどちらも「正方形」をしているね。

🧑 一番最後の縦長のやつは何ですか？

👨 これは 3 行 2 列の行列だね。要するに，縦方向に 3 行あって，横方向は 2 列に延びている，と考えるんだ。だから，次のような空間ベクトル
$$\begin{pmatrix} 1 \\ 2 \\ 3 \end{pmatrix}$$
は，3 行 1 列の行列と読むこともできるよね。

🧑 ベクトルも行列の仲間なんですか？

👨 そう考えると都合がいい場合があるんだ。まあ，あとで実際に使ってみることにしよう。

🧑 はあ。

👨 結局，行列のサイズというのは「行数」と「列数」で指定されることがわかるよね。

🧑 えーと，行数っていうのは……。

👨 縦の長さを「行数」というんだ。

🧑 じゃあ横の長さが「列数」ですか？

👨 そうだね。行列を扱うときには，行列のサイズ，つまり「形」がどのようなものかを知らないと話が始まらないんだ。

🧑 確かにそうかもしれません。

👨 よく出てくるのは，はじめの2つの例のような，行数と列数が同じ場合だね。これを，特に**正方行列**というんだ。

● 行列の成分

🧑 よくN先生が**行列の成分**って言ってますけど，これも実はよくわかってないんです……。

👨 それは行列の中の「それぞれの数」のことだよね。特に，ある特定の成分を指定したい場合は，それらが行列の中のどの「番地」にあるかを指定する必要があるよね。

🧑 番地ですか？

👨 そう。例えば，さっき出てきた3×3行列

$$\begin{pmatrix} 1 & 2 & 3 \\ -3 & 4 & 5 \\ 1 & 2 & -1 \end{pmatrix}$$

の成分の5は上から2行目，左から3列目という番地にあるから，$(2, 3)$成分というんだ。

🧑 確かに，そういう呼び方をしてますね。

👨 一般に，ある行列の「第i行，第j列」という番地にある数を(i, j)成分と呼ぶんだね。

😀 よく右下に小さい字でa_{ij}とか書いてあるのも見ますけど，これと関係あるんですか？

🧑‍🏫 それはもちろん関係があって，ある行列の(i, j)成分を一般にa_{ij}というふうに書くことも多いね。この書き方をすれば，一般の3×3行列Aは

$$A = \begin{pmatrix} a_{11} & a_{12} & a_{13} \\ a_{21} & a_{22} & a_{23} \\ a_{31} & a_{32} & a_{33} \end{pmatrix}$$

のように書くことができて，便利なんだ。

🔴 和と差，スカラー倍

🧑‍🏫 じゃあ，次は行列の足し算・引き算，つまり加法・減法を考えよう。

😀 同じ場所の数字を足したり引いたりするやつですよね。

🧑‍🏫 まあそうなんだけど，2つの行列を足し引きするためには，大前提としてそれらのサイズが等しくなければならないよ。

😀 サイズって，さっきの形のことですか？

🧑‍🏫 そう。例えば，

$$\begin{pmatrix} 1 & 2 \\ 3 & 1 \end{pmatrix} + \begin{pmatrix} 1 & -1 \\ -4 & 2 \end{pmatrix}$$

を計算すると，どんな行列になるかな？

😀 えーと，同じ場所の数を足せばいいから

$$\begin{pmatrix} 1 & 2 \\ 3 & 1 \end{pmatrix} + \begin{pmatrix} 1 & -1 \\ -4 & 2 \end{pmatrix} = \begin{pmatrix} 1+1 & 2-1 \\ 3-4 & 1+2 \end{pmatrix} = \begin{pmatrix} 2 & 1 \\ -1 & 3 \end{pmatrix}$$

でいいですか？

🧑‍🏫 そうだね。引き算も同じようにできるよね。じゃあ，次に

$$\begin{pmatrix} 1 & 2 \\ 3 & 1 \end{pmatrix} + \begin{pmatrix} 1 & -1 & 3 \\ -4 & 2 & 1 \end{pmatrix}$$

はどうだろう？

第2章 行列と連立1次方程式

2-1 行列とその演算

🧑 えーと，どうすればいいんだろう？　わからないです。

👨 これは2つの行列の形が違うから，加法ができない例なんだ。

🧑 なんだ。

👨 それじゃあ，
$$\begin{pmatrix} 1 & 2 & 0 \\ 3 & 1 & 0 \end{pmatrix} + \begin{pmatrix} 1 & -1 & 3 \\ -4 & 2 & 1 \end{pmatrix}$$
はできるかな？

🧑 さっきと同じじゃないですか。

👨 今度は2つの行列の形は等しいから，
$$\begin{pmatrix} 1 & 2 & 0 \\ 3 & 1 & 0 \end{pmatrix} + \begin{pmatrix} 1 & -1 & 3 \\ -4 & 2 & 1 \end{pmatrix} = \begin{pmatrix} 2 & 1 & 3 \\ -1 & 3 & 1 \end{pmatrix}$$
のように計算できるよ。

🧑 そうなんですか？

👨 どちらも2×3行列だから，足し引きは可能だよね。最初の行列の(1, 3)成分と(2, 3)成分はたまたま0だけど，行列の形としては2×3行列だからね。

🧑 そういうことですか。ややこしいですね。

👨 とにかく，行列の形にはいつも気を配ろう。じゃあ，次は行列のスカラー倍，あるいは定数倍を見てみることにするよ。

🧑 ベクトルにも似たようなものがありましたよね。

👨 そうだね。今度もほとんど同じで，行列 A と定数 α に対して，行列 αA は A の各成分を α 倍した行列を表すんだ。

🧑 具体的にはどんなものですか？

👨 例えば

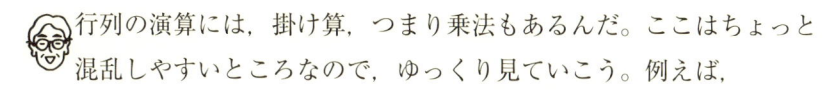

$$2\times \begin{pmatrix} 1 & 2 & 3 \\ -3 & 4 & 5 \\ 1 & 2 & -1 \end{pmatrix} = \begin{pmatrix} 2\times 1 & 2\times 2 & 2\times 3 \\ 2\times(-3) & 2\times 4 & 2\times 5 \\ 2\times 1 & 2\times 2 & 2\times(-1) \end{pmatrix} = \begin{pmatrix} 2 & 4 & 6 \\ -6 & 8 & 10 \\ 2 & 4 & -2 \end{pmatrix}$$

のようなことだね。

🧑 ベクトルのスカラー倍と同じやり方ですね。

● 行列の積

👨 行列の演算には，掛け算，つまり乗法もあるんだ。ここはちょっと混乱しやすいところなので，ゆっくり見ていこう。例えば，

$$A = \begin{pmatrix} 1 & 2 \\ 3 & 1 \end{pmatrix}, \quad B = \begin{pmatrix} 1 & -1 \\ -4 & 2 \end{pmatrix}$$

のとき，これらの積 AB を求めてみようか。

🧑 こういうのは，よく演習でやらされてます。面倒な計算ですよね。何のためにやってるのかわかりません。

👨 まあそう腹を立てないで。行列というのは，複雑な問題を「手に負える問題」に見直すための道具なんだ。どんな道具でも，使いこなすにはある程度の訓練が必要だよね。

🧑 はあ。

👨 じゃあ，

$$AB = \begin{pmatrix} 1 & 2 \\ 3 & 1 \end{pmatrix} \begin{pmatrix} 1 & -1 \\ -4 & 2 \end{pmatrix}$$

を計算するよ。AB はやはりある行列になるんだけど，この $(1,1)$ 成分はどうなるだろう？

🧑 えーと，急に言われても……。

👨 まず，A の第1行

$$(1 \quad 2)$$

と，B の第1列

2-1 行列とその演算　77

$$\begin{pmatrix} 1 \\ -4 \end{pmatrix}$$

を取り出して，ベクトルの内積と同じやり方で，次のような計算をしてみよう。

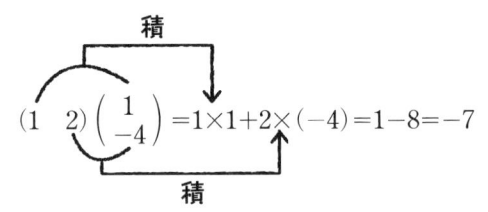

$$(1 \quad 2)\begin{pmatrix} 1 \\ -4 \end{pmatrix} = 1 \times 1 + 2 \times (-4) = 1 - 8 = -7$$

これが行列ABの$(1, 1)$成分なんだ。

🧑 ちょっと思い出してきました。

👨 要するに行列ABの(i, j)成分はAの第i行の成分とBの第j列の成分の積と和を使って，上のように計算できるんだ。

🧑 やっぱり，いきなりまた難しいです。

👨 一般的に述べようとすると，どうしてもこのようにしか言えないんだね。

🧑 はあ。

👨 ところで，積ABはどんなサイズの行列になるだろう？

🧑 えーと……，よくわかりません。

👨 要するにiとjがどのような値をとり得るかがわかればいいんだ。Aは何行目まであるかな？

🧑 縦の長さですよね。2行目まで，ですか？

👨 そう。だからiのとり得る値は1と2の2つだね。じゃあ，Bは何列目まである？

🧑 今度は横の長さですね。これも2列まであります。

👨 つまり，iもjも1と2の2つの値をとるから，行列ABは2×2行列

ということがわかる。

👦はあ。

👨せっかくだから，ABのすべての成分を求めておこう。

👦そうですね。

👨$(1, 1)$成分はすでに求めたから，次は$(1, 2)$成分だ。Aの第1行

$$\begin{pmatrix} 1 & 2 \end{pmatrix}$$

と，Bの第2列

$$\begin{pmatrix} -1 \\ 2 \end{pmatrix}$$

から，同様にして

$$\begin{pmatrix} 1 & 2 \end{pmatrix} \begin{pmatrix} -1 \\ 2 \end{pmatrix} = 1 \times (-1) + 2 \times 2 = -1 + 4 = 3$$

だね。

👦こうやって，計算するだけならなんとかなりそうです。

👨じゃあ，その他の成分も同様だから行列のまま計算してしまおう。

$$\begin{aligned} AB &= \begin{pmatrix} 1 & 2 \\ 3 & 1 \end{pmatrix} \begin{pmatrix} 1 & -1 \\ -4 & 2 \end{pmatrix} \\ &= \begin{pmatrix} 1 \times 1 + 2 \times (-4) & 1 \times (-1) + 2 \times 2 \\ 3 \times 1 + 1 \times (-4) & 3 \times (-1) + 1 \times 2 \end{pmatrix} \\ &= \begin{pmatrix} -7 & 3 \\ -1 & -1 \end{pmatrix} \end{aligned}$$

となるよね。

👦そうですね。

👨一応，行列ABの(i, j)成分をAとBの成分を使って書き下しておこう。Aの(i, k)成分をa_{ik}，Bの(k, j)成分をb_{kj}と書くことにすれば，

$$AB の(i, j)成分 = a_{i1}b_{1j} + a_{i2}b_{2j} = \sum_{k=1}^{2} a_{ik}b_{kj}$$

だね。

2-1 行列とその演算

積の順序

そういえば、N先生が講義中に「行列の積は悲観的」だとか、わけわかんないことを言ってましたけど。

ぷっ……。それは完全な聞き違いだね。

そうなんですか？

例えば、さっきは行列 A と B の積 AB を計算したけど、この積の順番を入れかえた行列、つまり積 BA はどんなものになるだろう？

AB と同じじゃないんですか？

実際に計算してみるのが早そうだね。

$$BA = \begin{pmatrix} 1 & -1 \\ -4 & 2 \end{pmatrix} \begin{pmatrix} 1 & 2 \\ 3 & 1 \end{pmatrix}$$
$$= \begin{pmatrix} 1 \times 1 + (-1) \times 3 & 1 \times 2 + (-1) \times 1 \\ (-4) \times 1 + 2 \times 3 & (-4) \times 2 + 2 \times 1 \end{pmatrix}$$
$$= \begin{pmatrix} -2 & 1 \\ 2 & -6 \end{pmatrix}$$

となるよね。

はあ。

これと、さっき計算した、

$$AB = \begin{pmatrix} -7 & 3 \\ -1 & -1 \end{pmatrix}$$

を比べてみれば、一致してないのは明らかだよね。

確かにそうですけど。なぜですか？

つまり、普通の数の積には $ab = ba$ という交換法則が成り立つけど、行列の積に関しては一般に交換法則は成り立たない。式で書けば、

$$AB \neq BA$$

ということだね。この性質を行列の**非可換性**というんだ*。

---

*ベクトルの外積も非可換である（第1章の宿題3を参照）。

🧒 なんだ，そうだったんですか．難しい言葉ですね．

👨 まあ言葉なんかどうでもいいよ．大切なのは，行列の積に関しては勝手に順序を交換できないということ．例えば，3つの数の積なら

$$17 \times 2 \times \frac{3}{17} = 17 \times \frac{3}{17} \times 2 = 3 \times 2 = 6$$

のように計算しやすいように順序を入れかえてもいいけど，3つの行列の積に関しては，

$$ABC = ACB$$

のような等式は一般に成り立たないから，注意しよう．

🧒 わかりました．

コラム　K先生の独り言「行列の積について」

ここでは2×2行列どうしの積を考えたけど，もっと一般に，成分a_{ik}をもつ行列Aと成分b_{kj}をもつ行列Bの積は

$$AB の (i, j) 成分 = \sum_{k=1}^{m} a_{ik} b_{kj}$$

のように定義される．ここで，mはAの列（横）の長さであると同時に，Bの行（縦）の長さでもあるような，ある数だ．つまり，行列AとBの積ABというのは，行列Aの横の長さと，行列Bの縦の長さが等しければ計算できるような演算だ．だから，例えば

$$\begin{pmatrix} a_{11} & a_{12} & a_{13} \\ a_{21} & a_{22} & a_{23} \end{pmatrix} \begin{pmatrix} b_{11} & b_{12} & b_{13} \\ b_{21} & b_{22} & b_{23} \\ b_{31} & b_{32} & b_{33} \end{pmatrix}$$

　　　　　　2×3　　　　　　3×3　　　　→　2×3

のような積は計算できて2×3行列になるけど，

$$\begin{pmatrix} a_{11} & a_{12} & a_{13} \\ a_{21} & a_{22} & a_{23} \end{pmatrix} \begin{pmatrix} b_{11} & b_{12} \\ b_{21} & b_{22} \end{pmatrix}$$

　　　　　　2×3　　　　　2×2　　　→　掛け算できない

のような積は，前の行列の横の長さが3で，後の行列の縦の長さが2と，それぞれ異なるから計算できないことがわかる．この場合，順序を変えて

$$\begin{pmatrix} b_{11} & b_{12} \\ b_{21} & b_{22} \end{pmatrix} \begin{pmatrix} a_{11} & a_{12} & a_{13} \\ a_{21} & a_{22} & a_{23} \end{pmatrix}$$

  2×2   2×3   → 2×3

なら積が計算できるよね。このように，行列の積というのは，どんな行列どうしでも計算できるというものではないんだ。

 特に，同じサイズの正方行列AとBに対しては，それらの順序にかかわらず必ず積ABとBAが作れて，どちらも同じサイズの行列になる。ただ，A君と見たように，これらについては一般に交換法則は成り立たず$AB \neq BA$だった。

 さて，3つの行列A，B，Cの積に関して，普通の数の積と同様に結合法則$(AB)C = A(BC)$が成立することは，簡単な計算によって示すことができる。これは，3つの行列の積を計算するときに，行列の順番を交換さえしなければ，どの順序で掛け算をしても結果は同じということだから，覚えておこう。同様に，行列の積についての分配法則$A(B+C) = AB + AC$，$(A+B)C = AC + BC$も成立するよ[*]。

まとめ

●行列の形

 縦にm個，横にn個の数が並んだ行列をm行n列($m \times n$)の行列という。特に，$m = n$のときを正方行列という。

●行列の加法・減法

 行列AとBの形が同じならば，それぞれの同じ場所にある成分どうしの加法・減法によって，和と差が作れる。

●行列の乗法

 Aの列数とBの行数が等しければ，積ABを作ることができる。積ABとBAがともに作れる場合でも，一般に$AB \neq BA$である。

---

[*] もちろん，3つの行列の形は，この積や和がちゃんと計算できるようなものになっているとする。

2-2 連立1次方程式とガウスの消去法

> でも，やっぱりこういう計算だけだと何やってるのかわからなくて，面白くないです。

> 相変わらず，正直な意見だね。じゃあ，まずは最も基本的な行列の使い方から説明することにしよう。

● 行列を使う

> どんなことですか？

> 次のような連立1次方程式を考えてみようか。解けるかな。
> $$\begin{cases} x+2y=1 \\ 3x+y=2 \end{cases}$$

> えーと，1番目の式から $x=1-2y$ だから，これを2番目の式に代入して……。

> まあ，そうやっても答えが出るのは確かだけど，もう少し「シュッ」とした方法でやってみようか。

> 「シュッ」って，どういうことですか？

> ごめん，ごめん。「かっこよく」やってみようか*。つまり，無駄な計算なしに解くことを考えるんだ。つまり「楽して」解こうということだね。例えば，1番目の式の両辺を3倍してみると，
> $$3x+6y=3$$
> となるよね。

> そうですね。

＊「シュッ」は関西弁である。K先生は関西出身のようだ。

こうしておいて，2番目の式の両辺から1番目の式の両辺を引いてみると，

$$3x+y-(3x+6y)=2-3$$

となって，2番目の式からxの項は消えて$-5y=-1$がわかるよね。

そうですね。

いまやったことを振り返ってみると，2番目の式を変形して$-5y=-1$を導いたんだから，もとの連立方程式を，

$$\begin{cases} x+2y=1 \\ -5y=-1 \end{cases}$$

と変形，つまり書き直したことになるよね。

1番目の式は変わらないんですか？

ここでは，1番目の式を使って2番目の式を変形したんだから，1番目の式の形はもちろん変わらないよ。そして，次に2番目の式の両辺を$-\dfrac{1}{5}$倍すれば，方程式は

$$\begin{cases} x+2y=1 \\ y=\dfrac{1}{5} \end{cases}$$

となるから，まずyが求まるよね。

xはどうなりますか？

今度は2番目の式の両辺を2倍したもの，つまり$2y=\dfrac{2}{5}$を1番目の式の両辺から引けばいい。そうすると，1番目の式は

$$x+2y-2y=1-\dfrac{2}{5} \Leftrightarrow x=\dfrac{3}{5}$$

となるよ。結局この操作は，連立方程式を

$$\begin{cases} x=\dfrac{3}{5} \\ y=\dfrac{1}{5} \end{cases}$$

と変形したことになるよね。そしてもちろん，これが連立方程式の解だ。

🧑 なんだか，別に「かっこいい」とは思えませんけど。

👨 まあ，これは未知数がxとyの2つだけのオモチャみたいな連立方程式だからそう見えるだろうけど，実は未知数が増えたときの解き方についてのヒントがすべて含まれているんだ。

🧑 そうなんですか？

👨 まあ，ゆっくり説明するけど，その前に準備として，この連立方程式を「行列」を使って

$$\begin{pmatrix} 1 & 2 \\ 3 & 1 \end{pmatrix} \begin{pmatrix} x \\ y \end{pmatrix} = \begin{pmatrix} 1 \\ 2 \end{pmatrix}$$

のように書いておくことにしよう。

🧑 また突然ですね。わざわざ難しく書いて，これが「かっこいい」ということなんですか？

👨 ちがう，ちがう。すっきり書いたつもりなんだけど……。まあ，こう書いておくと便利なことはいずれわかるから，ここは我慢して先へ進もう。この式の左辺は，2×2行列と2×1行列*との積だから，行列の掛け算規則を使えば

$$\begin{pmatrix} 1 & 2 \\ 3 & 1 \end{pmatrix} \begin{pmatrix} x \\ y \end{pmatrix} = \begin{pmatrix} 1\times x + 2\times y \\ 3\times x + 1\times y \end{pmatrix} = \begin{pmatrix} x+2y \\ 3x+y \end{pmatrix} = \begin{pmatrix} 1 \\ 2 \end{pmatrix}$$

となって，この式はもとの連立方程式を表していることがわかるね。

🧑 えーと，$x+2y=1$と$3x+y=2$ってことですか？

👨 そうだね。この行列の等式の各行が，連立方程式のそれぞれの式になっていることは，すぐにわかるよね。

🧑 ああ，そうか。

👨 次に行くよ。今見たように，この連立方程式は左辺の2×2行列と右辺の2×1行列だけがあれば復元できるから，これらをまとめて2×3行列にして，

---

*これは2次元ベクトルと見ることもできる。

第2章 行列と連立1次方程式

2-2 連立1次方程式とガウスの消去法

$$\begin{pmatrix} 1 & 2 & | & 1 \\ 3 & 1 & | & 2 \end{pmatrix}$$

とだけ書いておけば，情報量としては十分だよ。

🧑 ずいぶん省略しちゃったんですね。この縦の線は何ですか？

👨 縦線は左辺の行列と右辺の行列をわかりやすく区別するために書いているだけで，特に意味はないんだ。慣れてくれば書かなくてもいいよね。とにかく，もとの連立方程式を復元するために最低限必要な情報はこれだけだよ。

🧑 そうかもしれませんけど，なんかわかりにくいです。

👨 慣れてくれば，この方が便利だと思えるはずだよ。余計な情報は切り捨てて，本当に大切なところだけを見るっていうのが数学の精神だからね。つまりこの行列は，もとの連立方程式の「分身」だと思っていい。

🧑 はあ。分身ですか。

● 連立方程式を解く

👨 じゃあ，さっきのような操作で，この連立方程式を解いてみることにしよう。実はさっきの操作は，この「行列」の成分を変形していく操作なんだ。

🧑 成分を変形ですか？　難しそう……。

👨 これを**行列の基本変形**ということが多いけどね。

🧑 ああ，それなら聞いたことはあります。

👨 まあ，そうだろうね。

🧑 いったい，何をすればいいんですか？

さっきの連立方程式に対する操作は，

(1) 第1式を3倍して第2式から引く。

(2) 第2式を$-\dfrac{1}{5}$倍する。

(3) 第2式を2倍して第1式から引く。

ということだったよね。

えーと，そうですね。

今見てきたように，この操作によって，もとの連立方程式は次々と形を変えていった。だから，この連立方程式の分身である行列

$$\left(\begin{array}{cc|c} 1 & 2 & 1 \\ 3 & 1 & 2 \end{array}\right)$$

も，この操作でどんどん形を変えていくんだ。

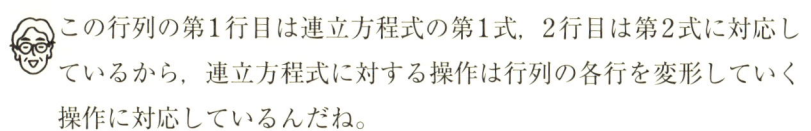

はあ。

この行列の第1行目は連立方程式の第1式，2行目は第2式に対応しているから，連立方程式に対する操作は行列の各行を変形していく操作に対応しているんだね。

どんな操作なんですか？

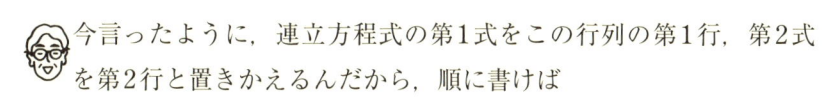

今言ったように，連立方程式の第1式をこの行列の第1行，第2式を第2行と置きかえるんだから，順に書けば

(1) 第1行を3倍して第2行から引く。

(2) 第2行を$-\dfrac{1}{5}$倍する。

(3) 第2行を2倍して第1行から引く。

となるよね。実際にやってみよう。

$$\left(\begin{array}{cc|c} 1 & 2 & 1 \\ 3 & 1 & 2 \end{array}\right) \xrightarrow{(第2行)-3\times(第1行)} \left(\begin{array}{cc|c} 1 & 2 & 1 \\ 0 & -5 & -1 \end{array}\right)$$

$$\xrightarrow{-\frac{1}{5}\times(第2行)} \left(\begin{array}{cc|c} 1 & 2 & 1 \\ 0 & 1 & \dfrac{1}{5} \end{array}\right)$$

$$\xrightarrow{(第1行)-2\times(第2行)} \begin{pmatrix} 1 & 0 & \bigg| & \dfrac{3}{5} \\ 0 & 1 & \bigg| & \dfrac{1}{5} \end{pmatrix}$$

だね。最後の行列で何か気づかないかい？

えーと……。あっ！　いちばん右の列に答えが出てきましたね。

この最後の行列を連立方程式に復元すれば，

$$\begin{pmatrix} 1 & 0 \\ 0 & 1 \end{pmatrix}\begin{pmatrix} x \\ y \end{pmatrix} = \begin{pmatrix} x \\ y \end{pmatrix} = \begin{pmatrix} \dfrac{3}{5} \\ \dfrac{1}{5} \end{pmatrix}$$

だから，操作が完了したときには答えが出ているんだ。

そういうことだったんですね。

つまり，「連立1次方程式を解く」というのは，分身である行列

$$\begin{pmatrix} 1 & 2 & | & 1 \\ 3 & 1 & | & 2 \end{pmatrix}$$

の行をどんどん基本変形していって，左側の2×2行列を

$$\begin{pmatrix} 1 & 0 \\ 0 & 1 \end{pmatrix}$$

までもっていく操作だということがわかるよね。

ずいぶん簡単な行列ですね。

これを2×2の**単位行列**というよ。

それは聞いたことがあります。

● 行基本変形

じゃあ，今度は未知数をもう1つ増やした，

$$\begin{cases} x+y-z=4 \\ x+2y+z=9 \\ 2x+3y-z=2 \end{cases}$$

を解いてみることにしようか。

🧑 1つ増えただけで，ずいぶん難しそうになりましたね。なんだか，とても大変そうですけど。

👴 そう思うかもしれないけど，これから説明する方法を使えば，未知数がもっと増えたときにも対応できるんだ。

🧑 もっと，ってどのくらいですか？

👴 まあ，いくつでもいいんだけど，解き方の手順はすべて一緒だから，よく理解しよう。前にも言ったけど，未知数が100個のように巨大な連立方程式の場合は，コンピューターで解かせることになる。その場合の手順もほぼ一緒だよ。

🧑 100個！

👴 じゃあ，まずはさっきのように，この連立方程式を行列表示してみよう。今度は3×3行列と3×1行列を使って，

$$\begin{pmatrix} 1 & 1 & -1 \\ 1 & 2 & 1 \\ 2 & 3 & -1 \end{pmatrix} \begin{pmatrix} x \\ y \\ z \end{pmatrix} = \begin{pmatrix} 4 \\ 9 \\ 2 \end{pmatrix}$$

となるよね。

🧑 式が3つあるから3×3行列になったんですね。

👴 そういうこと。そして，これをやはりさっきのように，

$$\left(\begin{array}{ccc|c} 1 & 1 & -1 & 4 \\ 1 & 2 & 1 & 9 \\ 2 & 3 & -1 & 2 \end{array}\right)$$

と書くことにしよう。

🧑 余計なものを省くんですね。これをどうするんですか？

👴 目標は，この3×4行列の左側の3×3部分を単位行列まで変形することだね。

🧑 単位行列っていうのは，1が並んだ行列ですよね。

👴 そう。正確には対角成分，つまり(i, i)成分がすべて1で，そのほかの成分がすべて0の行列．

$$\begin{pmatrix} 1 & 0 & 0 \\ 0 & 1 & 0 \\ 0 & 0 & 1 \end{pmatrix}$$

のことだ。

🧒 どうやって変形するんですか？

👨‍🏫 さっきの例を思い出そう。やった操作は結局，

(1) **ある行を何倍かする。**

(2) **ある行を何倍かして別の行に加える(別の行から引く)。**

の2つだけだった。

🧒 確かにそうでした。

👨‍🏫 この2つの操作ができることは，もとの連立方程式に戻ればすぐにわかるよね。ある行を何倍かすることは，対応する等式の両辺を同時に何倍かすることだから，当然等号はそのまま成り立つ。

🧒 もう1つの方は？

👨‍🏫 それも当たり前で，ある等式の両辺に同じ数を足したり引いたりしても，等号は変わらないよね。

🧒 ああ，そうか。

👨‍🏫 それから，連立方程式の中で，方程式の順番を変えるのは自由だよね。

🧒 それはそうですね。

👨‍🏫 だから，それに対応した

(3) **ある行と別の行を入れかえる。**

という操作も加えておこう。これもいずれ役に立つはずだよ。

🧒 他にもあるんですか？

👨‍🏫 いや，この3つだけ。これら3つの操作を，行列の**行基本変形**というんだ。つまり，この行基本変形を使って，3×3行列を単位行列

に変形すれば，連立方程式が解けるんだね。

👦 はあ。

👨 じゃあ，具体的にやってみよう。まずは，3×3行列の対角線より下の部分を全部「掃き出して」0にしてしまうんだ。

$$\begin{pmatrix} 1 & 1 & -1 & | & 4 \\ 1 & 2 & 1 & | & 9 \\ 2 & 3 & -1 & | & 2 \end{pmatrix} \xrightarrow{(第2行)-1\times(第1行)} \begin{pmatrix} 1 & 1 & -1 & | & 4 \\ 0 & 1 & 2 & | & 5 \\ 2 & 3 & -1 & | & 2 \end{pmatrix}$$

$$\xrightarrow{(第3行)-2\times(第1行)} \begin{pmatrix} 1 & 1 & -1 & | & 4 \\ 0 & 1 & 2 & | & 5 \\ 0 & 1 & 1 & | & -6 \end{pmatrix}$$

$$\xrightarrow{(第3行)-1\times(第2行)} \begin{pmatrix} 1 & 1 & -1 & | & 4 \\ 0 & 1 & 2 & | & 5 \\ 0 & 0 & -1 & | & -11 \end{pmatrix}$$

$$\xrightarrow{-1\times(第3行)} \begin{pmatrix} 1 & 1 & -1 & | & 4 \\ 0 & 1 & 2 & | & 5 \\ 0 & 0 & 1 & | & 11 \end{pmatrix}$$

このあとのことを考えて，最後は第3行を−1倍しておいたよ。

👦 結構近づいてきましたね。

👨 そうだろう。この手順，つまり対角線より下を消していく操作を，**前進消去**と呼ぶことにしよう。それから，左側の3×3行列の0でない成分は対角線より上半分しかない。このような行列を**上三角行列**と呼ぶよ。

$$\begin{pmatrix} a_{11} & a_{21} & a_{31} \\ 0 & a_{22} & a_{32} \\ 0 & 0 & a_{33} \end{pmatrix}$$

👦 なんとなく感じはわかります。

👨 あとは同じようにして，対角線より上の部分を「掃き出して」消していけばいいよね，つまり**後進消去**だ。続けてみよう。

$$\begin{pmatrix} 1 & 1 & -1 & | & 4 \\ 0 & 1 & 2 & | & 5 \\ 0 & 0 & 1 & | & 11 \end{pmatrix} \xrightarrow{\text{(第2行)}-2\times\text{(第3行)}} \begin{pmatrix} 1 & 1 & -1 & | & 4 \\ 0 & 1 & 0 & | & -17 \\ 0 & 0 & 1 & | & 11 \end{pmatrix}$$

$$\xrightarrow{\text{(第1行)}+1\times\text{(第3行)}} \begin{pmatrix} 1 & 1 & 0 & | & 15 \\ 0 & 1 & 0 & | & -17 \\ 0 & 0 & 1 & | & 11 \end{pmatrix}$$

$$\xrightarrow{\text{(第1行)}-1\times\text{(第2行)}} \begin{pmatrix} 1 & 0 & 0 & | & 32 \\ 0 & 1 & 0 & | & -17 \\ 0 & 0 & 1 & | & 11 \end{pmatrix}$$

となった。

🧑 単位行列が出てきましたね。

👨 この最後の行列を使って,連立方程式を再現すれば,

$$\begin{pmatrix} 1 & 0 & 0 \\ 0 & 1 & 0 \\ 0 & 0 & 1 \end{pmatrix} \begin{pmatrix} x \\ y \\ z \end{pmatrix} = \begin{pmatrix} 32 \\ -17 \\ 11 \end{pmatrix} \Leftrightarrow \begin{cases} x=32 \\ y=-17 \\ z=11 \end{cases}$$

となって,解けた!

🧑 そうですね。

👨 このように,「行基本変形」を使って行列を必要な形に変形する方法を,**ガウスの消去法**あるいは**掃き出し法**というんだ。

コラム K先生の独り言「後退代入」

2つ目の例で,前進消去の結果,行列は

$$\begin{pmatrix} 1 & 1 & -1 & | & 4 \\ 0 & 1 & 2 & | & 5 \\ 0 & 0 & 1 & | & 11 \end{pmatrix}$$

まで変形できたよね。これを連立方程式に復元してみると,

$$\begin{cases} x+y-z=4 \\ y+2z=5 \\ z=11 \end{cases}$$

となることがわかる。つまり,前進消去を完成したことによって,い

ちばん下の未知数 z が 11 であることは，もうわかってしまったんだ。そして，2番目の式から $y=-2z+5$ なので y は $z=11$ を代入すればわかり，さらにその y と z の値を代入すれば，1番目の式から x もわかる。このように，下の方の「すでにわかった」未知数を，次々と上の式に代入していくことによっても，連立方程式は解ける。このような操作を「後退代入」というんだけど，A君に説明した「後進消去」の方法よりも，コンピューターを用いて連立方程式を解く場合にはこちらの方が効率的なので，よく使われるんだ。ただし，今のような「手計算」の場合には，この「後退代入」は必ずしも効率的ではない，つまり楽とはいえないので，場合に応じて方法を選ぶといいよ。

コラム　K先生の独り言「行基本変形の第3の操作」

与えられた連立方程式が，例えば
$$\begin{cases} 2y+z=-1 \\ x+2y=-2 \\ x+y-z=-2 \end{cases}$$
のような形だったとしよう。この連立方程式に対応する 3×4 行列は
$$\begin{pmatrix} 0 & 2 & 1 & | & -1 \\ 1 & 2 & 0 & | & -2 \\ 1 & 1 & -1 & | & -2 \end{pmatrix}$$
となるけど，見てわかるとおり，(1, 1)成分が0なので，このままでは「前進消去」して上三角行列にすることはできないね。このような場合には，行基本変形の第3の操作「ある行と別の行を入れかえる」を使って，適切な形にもっていけばいいんだ。今の場合には，例えば第1行と第3行を入れかえて，
$$\begin{pmatrix} 1 & 1 & -1 & | & -2 \\ 1 & 2 & 0 & | & -2 \\ 0 & 2 & 1 & | & -1 \end{pmatrix}$$
としておけば，「前進消去」が実行できるよ。

まとめ

●ガウスの消去法（掃き出し法）

　連立１次方程式は，ガウスの消去法によって解くことができる。ガウスの消去法で使われる行列の行基本変形は，

(1)　ある行を何倍かする。
(2)　ある行を何倍かして別の行に加える（別の行から引く）。
(3)　ある行と別の行を入れかえる。

の３つである。

2-3 逆行列

> じゃあ，ここからはちょっと視点を変えてみようと思う。

> 今度は何ですか？

> 行列の割り算は知ってるかい？

> えー，何ですかそれ？

> だって，行列の積，つまり掛け算があるんだから，割り算があってもよさそうだよね。

> それはそうですけど……。

● 逆数について

> じゃあ，行列の割り算の前に，まずは普通の数の割り算について復習しておこう。

> なんだか小学生扱いですね。

> いや，必ずしもそうとはいえないよ。

> そうなんですか？

> 新しいことを勉強するときには，よく「わかっている」と思っていることをもう一度考え直してみると，有益なことが多いんだ。

> はあ。それで，何の話でしたっけ？

> 割り算だよ。ある数aを別の数bで割ることを考えよう。これができるための条件は何かな？

🧑 えーと……, bがゼロじゃないってことですか？

👨 そうだね。数aをゼロでない数bで割ると，新しい数$\frac{a}{b}$ができる。

🧑 そうですね。

👨 そして，これはaに別の数$\frac{1}{b}$を掛けたものと考えることもできるよね。

🧑 はあ。

👨 この$\frac{1}{b}$をbの「逆数」と呼ぶということは，どこかで習うだろう？

🧑 大昔に聞いたような……。

👨 つまり，割り算というのは「逆数を掛ける」ことと同じだったんだ。

🧑 それもどこかで聞きました。

👨 特に，aにその逆数$\frac{1}{a}$を掛けると1になるのは明らかだね。つまり，
$$a \times \frac{1}{a} = \frac{1}{a} \times a = 1$$
だ。

🧑 aをaで割ることと同じだからですよね。

👨 そうだね。ある数にその逆数を掛けると**乗法の単位元**1が出てくるんだ。

🧑 また突然難しくなりましたね。「乗法の単位元」って何ですか？

👨 ある数に掛けたとき，その数を変えないような数のこと。実際，$1 \times a = a \times 1 = a$ だよね。

🧑 はあ。

👨 で，ここまでが復習。今から，ここで考えたことの「行列バージョン」を考えることにするよ。

逆行列とは

👦 行列バージョンですか？

👨 そう。まずは乗法の単位元から考えよう。

👦 掛けたときに相手が変わらないようなもの，ですよね。そんなのあるんですか？

👨 実はすでに出てきた「単位行列」がそれなんだ。

👦 確かにそれっぽい名前ですけど。

👨 実際，例えば3×3の単位行列

$$E = \begin{pmatrix} 1 & 0 & 0 \\ 0 & 1 & 0 \\ 0 & 0 & 1 \end{pmatrix}$$

を，任意の3×3行列Aに掛ければ

$$EA = AE = A$$

が簡単に確かめられるよ。

👦 確かにこんな式が講義中にも出てきました。これが$1 \times a = a \times 1 = a$の行列バージョンってことですか？

👨 そう。単位行列は行列の乗法についての単位元なんだね。

👦 そうだったんですね。

👨 じゃあ，次は逆数の行列バージョンを考えよう。

👦 そんなのもあるんですか？

👨 **逆行列**って聞いたことないかな。

👦 確かに講義中に，なんだかわけわかんない計算をやらされましたけど，そのときN先生がそんなことを言ってた気がします……。

👨 ある$n \times n$行列Aに掛けたとき，結果が$n \times n$の単位行列になるよう

な行列を「Aの逆行列」というんだ。

どういうことですか？

まずさっきのように，$n×n$の単位行列をEと書くことにしよう。

さっきは$n=3$だったんですね。

そう。それで，ある$n×n$行列Aに対して

$$AX=XA=E$$

となるような行列XをAの逆行列というんだね。

はあ。

この式からわかるように，Xのサイズも$n×n$行列でなければならない[*1]。そして，XのことをA^{-1}と書くのが慣習だ。つまり

$$AA^{-1}=A^{-1}A=E$$

ということだね。

じゃあ，これが$a×\frac{1}{a}=\frac{1}{a}×a=1$の行列バージョンってことですか？

そう。ただ，この場合はA^{-1}は行列だから，$A^{-1}=\frac{1}{A}$とは書けないよね[*2]。

確かに$\frac{1}{A}$って行列なのか何なのかよくわからないですね。

それから，役割を逆転させればA^{-1}の逆行列はAであることがわかるよね。

どういうことですか？

だって，上の式から，A^{-1}のどちら側からAを掛けてもEになることがわかるだろう？

---

*1 2-1節コラム参照

*2 それは十分承知の上で，$\frac{1}{A}$と書く場合がないとはいえない。特に理論物理では，このような「乱暴な」書き方を平気で使うことも多い。

確かにそうですね。

これを式で書けば，$(A^{-1})^{-1}=A$ ということだね。

反対の反対はもとに戻るんですね。

そういうこと！　上手いこと言ったね。それから，2つの正方行列 A と B の積 AB の逆行列については，

$$(AB)^{-1}=B^{-1}A^{-1}$$

という性質があるよ。

なんか順番が変わってますけど，これでいいんですか？

これでいい。実際，

$$(B^{-1}A^{-1})(AB)=B^{-1}(A^{-1}A)B=B^{-1}EB=B^{-1}B=E$$
$$(AB)(B^{-1}A^{-1})=A(BB^{-1})A^{-1}=AEA^{-1}=AA^{-1}=E$$

だから，これで正しいよね。何度も言うけど，行列の掛け算では勝手に順序を変えられないから注意しよう。

はあ。

それから，普通の数 a については，逆数があるためには $a\neq 0$ が必要だった。行列についても同じように，やはり逆行列があるための条件があるんだ。実際，

$$A=\begin{pmatrix} 0 & 0 & 0 \\ 0 & 0 & 0 \\ 0 & 0 & 0 \end{pmatrix}$$

なら，これの逆行列なんかあり得ないよね。

確かにそうですね。どんな条件が必要なんですか？

それは，また別の機会に考えることにして，次は実際に逆行列を求める方法について考えよう。

掃き出し法再び

🧑 逆行列を求めるって，何か公式があるんですか？

👨‍🏫 まあ公式もあるんだけど，ここでは前にやったガウスの消去法，あるいは掃き出し法を使おう。行列が具体的に与えられている場合は，この方が簡単なんだ。

🧑 どんなものですか？

👨‍🏫 まずは非常に簡単な例として，以前出てきた2×2行列

$$\begin{pmatrix} 1 & 2 \\ 3 & 1 \end{pmatrix}$$

の逆行列を求めてみよう。

🧑 連立1次方程式のところで出てきましたね。

👨‍🏫 まあ，この程度のサイズの逆行列なら，いずれ出てくる公式からすぐにわかるんだけどね。ここでは，練習のためにやってみることにするよ。

🧑 どうするんですか？

👨‍🏫 まず，この行列の横に，単位行列を付け加えて2×4行列

$$\left(\begin{array}{cc|cc} 1 & 2 & 1 & 0 \\ 3 & 1 & 0 & 1 \end{array}\right)$$

を作るんだ。もとの行列部分をわかりやすくするため，連立方程式のときのように縦線を入れておくよ。

🧑 はあ。

👨‍🏫 それで，この行列に「行基本変形」をして，左側の2×2行列を単位行列に変形する。実際やってみると，

$$\left(\begin{array}{cc|cc} 1 & 2 & 1 & 0 \\ 3 & 1 & 0 & 1 \end{array}\right) \xrightarrow{(第2行)-3\times(第1行)} \left(\begin{array}{cc|cc} 1 & 2 & 1 & 0 \\ 0 & -5 & -3 & 1 \end{array}\right)$$

$$\xrightarrow{-\frac{1}{5}\times(第2行)} \begin{pmatrix} 1 & 2 & | & 1 & 0 \\ 0 & 1 & | & \frac{3}{5} & -\frac{1}{5} \end{pmatrix}$$

$$\xrightarrow{(第1行)-2\times(第2行)} \begin{pmatrix} 1 & 0 & | & -\frac{1}{5} & \frac{2}{5} \\ 0 & 1 & | & \frac{3}{5} & -\frac{1}{5} \end{pmatrix}$$

だね。

🧑 前に連立1次方程式を解いたときと同じ変形ですね。

👨 そうだね。連立1次方程式を解いたときも，行列の左側の部分を単位行列に変形したんだから，手続きはすべて同じだ。

🧑 これが逆行列なんですか？

👨 この最後の結果で，右側の2×2行列は

$$\begin{pmatrix} -\frac{1}{5} & \frac{2}{5} \\ \frac{3}{5} & -\frac{1}{5} \end{pmatrix} = \frac{1}{5}\begin{pmatrix} -1 & 2 \\ 3 & -1 \end{pmatrix}$$

になったけど，これが逆行列になっているんだ。

🧑 本当ですか？

👨 実際確かめてみよう。

$$\begin{pmatrix} 1 & 2 \\ 3 & 1 \end{pmatrix}\frac{1}{5}\begin{pmatrix} -1 & 2 \\ 3 & -1 \end{pmatrix} = \frac{1}{5}\begin{pmatrix} 1 & 2 \\ 3 & 1 \end{pmatrix}\begin{pmatrix} -1 & 2 \\ 3 & -1 \end{pmatrix}$$
$$= \frac{1}{5}\begin{pmatrix} 1\times(-1)+2\times3 & 1\times2+2\times(-1) \\ 3\times(-1)+1\times3 & 3\times2+1\times(-1) \end{pmatrix}$$
$$= \frac{1}{5}\begin{pmatrix} 5 & 0 \\ 0 & 5 \end{pmatrix} = \begin{pmatrix} 1 & 0 \\ 0 & 1 \end{pmatrix}$$

だね。

🧑 本当ですね。

👨 積の順番を入れかえた，

$$\frac{1}{5}\begin{pmatrix} -1 & 2 \\ 3 & -1 \end{pmatrix}\begin{pmatrix} 1 & 2 \\ 3 & 1 \end{pmatrix} = \begin{pmatrix} 1 & 0 \\ 0 & 1 \end{pmatrix}$$

も同様に確かめることができるよ。

🧑 こんな方法で，どうして逆行列が求まるんですか？

👨 まあ，理由は後回しにして，もう少し実例を見てみることにしようか。

● さらに掃き出し法

👨 次も，以前出てきた3×3行列
$$\begin{pmatrix} 1 & 1 & -1 \\ 1 & 2 & 1 \\ 2 & 3 & -1 \end{pmatrix}$$
の逆行列を求めよう。

🧑 また単位行列を付け加えるんですか？

👨 そうだね。今度は3×3の単位行列を付け加えて，
$$\left(\begin{array}{ccc|ccc} 1 & 1 & -1 & 1 & 0 & 0 \\ 1 & 2 & 1 & 0 & 1 & 0 \\ 2 & 3 & -1 & 0 & 0 & 1 \end{array}\right)$$
を考える。

🧑 ここからは？

👨 まったく同様に，行基本変形をして，左側を単位行列まで変形するんだ。この作業も，連立1次方程式を解いたときと同じだから，すぐにできるはずだね。やってごらんよ。

🧑 そんな，もう忘れちゃいましたよ。

👨 ……，しょうがないなぁ。

🧑 すいません。

👨 まずは前進消去，

$$\left(\begin{array}{ccc|ccc} 1 & 1 & -1 & 1 & 0 & 0 \\ 1 & 2 & 1 & 0 & 1 & 0 \\ 2 & 3 & -1 & 0 & 0 & 1 \end{array}\right) \xrightarrow{\text{(第2行)}-1\times\text{(第1行)}} \left(\begin{array}{ccc|ccc} 1 & 1 & -1 & 1 & 0 & 0 \\ 0 & 1 & 2 & -1 & 1 & 0 \\ 2 & 3 & -1 & 0 & 0 & 1 \end{array}\right)$$

$$\xrightarrow{\text{(第3行)}-2\times\text{(第1行)}} \begin{pmatrix} 1 & 1 & -1 & | & 1 & 0 & 0 \\ 0 & 1 & 2 & | & -1 & 1 & 0 \\ 0 & 1 & 1 & | & -2 & 0 & 1 \end{pmatrix}$$

$$\xrightarrow{\text{(第3行)}-1\times\text{(第2行)}} \begin{pmatrix} 1 & 1 & -1 & | & 1 & 0 & 0 \\ 0 & 1 & 2 & | & -1 & 1 & 0 \\ 0 & 0 & -1 & | & -1 & -1 & 1 \end{pmatrix}$$

$$\xrightarrow{-1\times\text{(第3行)}} \begin{pmatrix} 1 & 1 & -1 & | & 1 & 0 & 0 \\ 0 & 1 & 2 & | & -1 & 1 & 0 \\ 0 & 0 & 1 & | & 1 & 1 & -1 \end{pmatrix}$$

となる。

😀 そうですね。

🧑‍🏫 次に後進消去,

$$\begin{pmatrix} 1 & 1 & -1 & | & 1 & 0 & 0 \\ 0 & 1 & 2 & | & -1 & 1 & 0 \\ 0 & 0 & 1 & | & 1 & 1 & -1 \end{pmatrix} \xrightarrow{\text{(第2行)}-2\times\text{(第3行)}} \begin{pmatrix} 1 & 1 & -1 & | & 1 & 0 & 0 \\ 0 & 1 & 0 & | & -3 & -1 & 2 \\ 0 & 0 & 1 & | & 1 & 1 & -1 \end{pmatrix}$$

$$\xrightarrow{\text{(第1行)}+1\times\text{(第3行)}} \begin{pmatrix} 1 & 1 & 0 & | & 2 & 1 & -1 \\ 0 & 1 & 0 & | & -3 & -1 & 2 \\ 0 & 0 & 1 & | & 1 & 1 & -1 \end{pmatrix}$$

$$\xrightarrow{\text{(第1行)}-1\times\text{(第2行)}} \begin{pmatrix} 1 & 0 & 0 & | & 5 & 2 & -3 \\ 0 & 1 & 0 & | & -3 & -1 & 2 \\ 0 & 0 & 1 & | & 1 & 1 & -1 \end{pmatrix}$$

で,完成だ。

😀 これも右側が逆行列ですか?

🧑‍🏫 そう。右側に現れた,

$$\begin{pmatrix} 5 & 2 & -3 \\ -3 & -1 & 2 \\ 1 & 1 & -1 \end{pmatrix}$$

が逆行列になっているんだ*。

😀 どうしてそうなるんですか? 早く教えてくださいよ。

---

*実際,
$$\begin{pmatrix} 1 & 1 & -1 \\ 1 & 2 & 1 \\ 2 & 3 & -1 \end{pmatrix} \begin{pmatrix} 5 & 2 & -3 \\ -3 & -1 & 2 \\ 1 & 1 & -1 \end{pmatrix} = \begin{pmatrix} 5 & 2 & -3 \\ -3 & -1 & 2 \\ 1 & 1 & -1 \end{pmatrix} \begin{pmatrix} 1 & 1 & -1 \\ 1 & 2 & 1 \\ 2 & 3 & -1 \end{pmatrix} = \begin{pmatrix} 1 & 0 & 0 \\ 0 & 1 & 0 \\ 0 & 0 & 1 \end{pmatrix}$$
となっている。

基本変形の行列

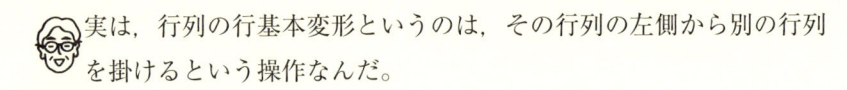

🧑‍🏫 実は，行列の行基本変形というのは，その行列の左側から別の行列を掛けるという操作なんだ。

🧑‍🎓 どういうことですか？

🧑‍🏫 まず，行基本変形を復習しよう。これは行列に対する次の3つの操作だった。

 (1) ある行を何倍かする。

 (2) ある行を何倍かして別の行に加える（別の行から引く）。

 (3) ある行と別の行を入れかえる。

🧑‍🎓 そうでしたね。

🧑‍🏫 例えば次の行列を左側から掛けることによって，3×3行列がどのように変形されるか考えてごらん。

$$\begin{pmatrix} 1 & 0 & 0 \\ 0 & 1 & 0 \\ -2 & 0 & 1 \end{pmatrix}, \begin{pmatrix} 1 & 0 & 0 \\ 0 & 1 & 0 \\ 0 & 0 & -2 \end{pmatrix}, \begin{pmatrix} 1 & 0 & 0 \\ 0 & 0 & 1 \\ 0 & 1 & 0 \end{pmatrix}$$

🧑‍🎓 えーと……，よくわかりません。

🧑‍🏫 じゃあ，具体的に

$$\begin{pmatrix} 1 & 1 & -1 \\ 1 & 2 & 1 \\ 2 & 3 & -1 \end{pmatrix}$$

の左側に，最初の行列を掛けてみよう。

🧑‍🎓 えーと，

$$\begin{pmatrix} 1 & 0 & 0 \\ 0 & 1 & 0 \\ -2 & 0 & 1 \end{pmatrix} \begin{pmatrix} 1 & 1 & -1 \\ 1 & 2 & 1 \\ 2 & 3 & -1 \end{pmatrix}$$

$$= \begin{pmatrix} 1\times 1 & 1\times 1 & 1\times(-1) \\ 1\times 1 & 1\times 2 & 1\times 1 \\ (-2)\times 1+1\times 2 & (-2)\times 1+1\times 3 & (-2)\times(-1)+1\times(-1) \end{pmatrix}$$

$$= \begin{pmatrix} 1 & 1 & -1 \\ 1 & 2 & 1 \\ 0 & 1 & 1 \end{pmatrix}$$

という感じですか？

😊 そうだね。これを見ると，第3行目に第1行目を -2 倍したものを足していることがわかるよね。

🧑 えーと……。ああ，そうか。

😊 つまり，この行列を左側から掛けることは，ある行列の第1行目を -2 倍したものを第3行目に加える操作に対応しているんだ。

🧑 そうだったんですね。

😊 同じようにして，2つ目の行列はある行列の第3行目を -2 倍にする操作，最後の行列はある行列の2行目と3行目を入れかえる操作にそれぞれ対応した行列であることもわかるよ。

🧑 でも，こんなのすぐには思いつきませんよ。

😊 思いつく必要なんかないんだよ。行列の行基本変形は，左側からこういう種類の行列を掛けることに対応していることさえ知っていればいいんだ。

🧑 そうなんですか？

😊 これら1つ1つの「基本変形」に対応した行列を，それぞれ P_j と書くことにしよう。これらは**基本行列**と呼ばれることもある。

🧑 j って何ですか？

😊 変形の順番を表す数だね。もし変形を M 回するなら，j は 1 から M までの自然数になるよ。

🧑 はあ。

😊 それで，逆行列を求める操作というのは，ある行列 A を行基本変形していって，単位行列 E までもっていく作業だったから，この操作を基本行列を使って書いてみよう。行基本変形を M 回実行して単位行列ができたとすれば，

$$A \to P_1 A$$
$$\to P_2 P_1 A$$
$$\to P_3 P_2 P_1 A$$
$$\vdots$$
$$\to P_M P_{M-1} \cdots P_2 P_1 A = E$$

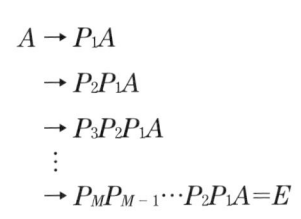

ということだよね。

🧑 確かにそういうことですね。

👨 この式からわかることは，基本行列の積 $P_M P_{M-1} \cdots P_2 P_1$ は A の逆行列 A^{-1} そのものということだよね。

🧑 そうか。

👨 この積は $P_M P_{M-1} \cdots P_2 P_1 E$ と書いてもいい。つまり，逆行列は単位行列 E を次々と行基本変形して作れるということだね。ただし，その基本変形は A を単位行列に変形するものと同じだ。

🧑 そういうことだったんだ。

👨 さっきのように A と E を並べた横長の行列を書いて，同時に行基本変形していく作業は，操作を確実に実行するための工夫だったんだね。

🧑 じゃあ，このやり方さえわかってれば，どんな行列の逆行列でも求まるんですね。

👨 さあ，それはどうかな。

🧑 えっ!! 違うんですか？

👨 前にも言ったように，逆行列があるためには条件が必要なんだ。次はそれを考えよう。

コラム　K先生の独り言「線形変換」

　何度も出てきた3×3行列と，簡単な3×1行列との積を計算してみよう。例えば，

$$\begin{pmatrix} 1 & 1 & -1 \\ 1 & 2 & 1 \\ 2 & 3 & -1 \end{pmatrix} \begin{pmatrix} 1 \\ 0 \\ 0 \end{pmatrix} = \begin{pmatrix} 1 \\ 1 \\ 2 \end{pmatrix}$$

のように。ここで現れた3×1行列

$$\begin{pmatrix} 1 \\ 0 \\ 0 \end{pmatrix}, \begin{pmatrix} 1 \\ 1 \\ 2 \end{pmatrix}$$

は，それぞれ空間内のベクトルと思うことができる。もちろん前者は第1方向の基底ベクトルだね。このように考えると，この行列の積は「あるベクトルに行列を掛けて，新たなベクトルを作る」式と思えるよね。そして，こうして作った「新たなベクトル」は，一般にもとのベクトルとは大きさも方向も異なることがわかる。つまり，ベクトルに行列を掛けるという操作は，そのベクトルを別のベクトルに「変換」する，という意味があるんだ。この操作はベクトルの「線形変換」または「1次変換」と呼ばれているよ*。別の見方をすれば，この線形変換はベクトルを別のベクトルに「写して」いるとも考えられるよね。だから，線形変換のことを「線形写像」と呼ぶ場合も多いんだ。

　さて，以前考えた連立1次方程式，

$$\begin{pmatrix} 1 & 1 & -1 \\ 1 & 2 & 1 \\ 2 & 3 & -1 \end{pmatrix} \begin{pmatrix} x \\ y \\ z \end{pmatrix} = \begin{pmatrix} 4 \\ 9 \\ 2 \end{pmatrix}$$

を，この視点から見直してみると，ベクトル

$$\boldsymbol{x} = \begin{pmatrix} x \\ y \\ z \end{pmatrix}$$

を線形変換したら，ベクトル

$$\boldsymbol{a} = \begin{pmatrix} 4 \\ 9 \\ 2 \end{pmatrix}$$

＊線形変換のきちんとした定義は巻末の文献を見てほしい。

になる，と読むことができる。つまり，この連立1次方程式の意味は，線形変換したらaになるような，もとのベクトルxを求めなさい，ということになるんだ。このようなベクトルxが実際に存在することは，前節で掃き出し法によって示されたよね。

> 🍁 **まとめ**
>
> ● $n \times n$ 行列 A の逆行列 A^{-1} の求め方
> (1) A と同じサイズの単位行列 E を右側に並べて $n \times 2n$ 行列を作る。
> (2) この行列に対して行基本変形を行い，左側の A 部分を単位行列 E まで変形する。このとき，右側の E 部分にも同じ行基本変形を行う。
> (3) このとき右側の $n \times n$ 部分にできた行列が，A^{-1} となる。

2-4 逆行列がない！

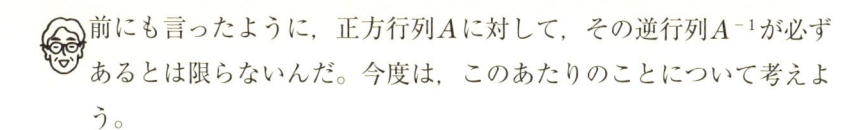

🧑‍🦳 前にも言ったように，正方行列 A に対して，その逆行列 A^{-1} が必ずあるとは限らないんだ。今度は，このあたりのことについて考えよう。

👦 また計算ですか？　何だかちょっと飽きて……，いえ面白そうですね。

🧑‍🦳 ……。ここからは，計算だけじゃなくて少し頭を使うことになると思うよ。

🔴 掃き出し法が行き詰まる

🧑‍🦳 じゃあ，まずは2×2行列から始めよう。

$$A = \begin{pmatrix} 1 & 2 \\ 4 & 8 \end{pmatrix}$$

のとき，逆行列 A^{-1} を計算するとどうなるだろう？

👦 えーと，右側に単位行列を書いて，左側を掃き出し法で変形ですよね。

🧑‍🦳 もちろん，そうだね。A を単位行列にしていけばいいから，まずは前進消去だ。

👦 えーと，A の左下を消せばいいんだから，

$$\left(\begin{array}{cc|cc} 1 & 2 & 1 & 0 \\ 4 & 8 & 0 & 1 \end{array}\right) \xrightarrow{(第2行)-4\times(第1行)} \left(\begin{array}{cc|cc} 1 & 2 & 1 & 0 \\ 0 & 0 & -4 & 1 \end{array}\right)$$

です。……あれ?!

🧑‍🦳 そうだね。左側の第2行が全部ゼロだ。こうなってしまっては，もう後進消去することはできないよね。

🧑 どこかで間違えましたか？

👨 いや，間違ってはいないよ。これは，もともとの行列Aに逆行列がないことが原因なんだ。

🧑 そうなんですか……。

👨 このAのように，ある行が他の行の定数倍になっているような行列には，逆行列はない。他にも例えば，
$$\begin{pmatrix} 1 & 1 & -1 \\ 1 & 2 & 1 \\ 2 & 2 & -2 \end{pmatrix}$$
のようなものも同様だね。

🧑 えーと，第3行が第1行の2倍だからですね。

👨 そう。これも掃き出し法で単位行列に変形しようとすると，
$$\begin{pmatrix} 1 & 1 & -1 \\ 1 & 2 & 1 \\ 2 & 2 & -2 \end{pmatrix} \xrightarrow{(第3行)-2\times(第1行)} \begin{pmatrix} 1 & 1 & -1 \\ 1 & 2 & 1 \\ 0 & 0 & 0 \end{pmatrix}$$
のように，ある行がすべてゼロになってしまって，途中で行き詰まるんだ。これもやはり原因は，もとの行列に逆行列がないことだよ。

🧑 こういう行列もあるんですね。

👨 このような，逆行列をもたない正方行列のことを**非正則行列**，英語だとsingular matrixというんだ。

🧑 非正則……？　確かにN先生もそんなことを言ってましたけど，難しい言葉ですね。

👨 数学以外ではほとんど使わない言葉だろうね。英語のsingularは「普通じゃない」っていう意味の普通の言葉なんだけどね。まあこういうのは使っているうちに慣れてくるから。

🧑 言葉を聞くだけで，勉強する気がなくなりそうです。

👨 確かに，こういうところで数学嫌いを助長しているような気もするけど，そうなっちゃったものはもう仕方がない。だけど，言葉が難

しいからって他の言葉に言いかえても，あまり意味はないんじゃないかなあとは思うよ。たとえば「顰蹙（ひんしゅく）」なんて言葉はずいぶん難しいけど，言いかえる必要なんかないよね。

🧑 まあ，確かにそうかもしれませんけど。

👨 あとついでに，逆行列をもつような「普通の」行列は正則行列っていうんだ。これは英語だと regular matrix だね。

🧑 これもよく聞きますね。

● さらに非正則行列

👨 ところで今見た

$$\begin{pmatrix} 1 & 2 \\ 4 & 8 \end{pmatrix}, \begin{pmatrix} 1 & 1 & -1 \\ 1 & 2 & 1 \\ 2 & 2 & -2 \end{pmatrix}$$

のように，ある行が別の行の定数倍になっているような正方行列は非正則行列だった。これらは慣れてくれば一目で非正則行列であることがわかるよね。

🧑 まあ，そうですね。

👨 でも非正則行列がすべて，このようにわかりやすい形とは限らないよ。

🧑 そうなんですか？

👨 例えば，

$$\begin{pmatrix} 1 & 2 & 1 \\ 0 & 3 & -1 \\ 1 & -1 & 2 \end{pmatrix}$$

の逆行列を求めてみよう。

🧑 えーと，

2-4 逆行列がない！　111

$$\begin{pmatrix} 1 & 2 & 1 & | & 1 & 0 & 0 \\ 0 & 3 & -1 & | & 0 & 1 & 0 \\ 1 & -1 & 2 & | & 0 & 0 & 1 \end{pmatrix}$$

を変形すればいいんですね。

🧑‍🦳 そうだね。やってみよう。

👨 まずは前進消去.

$$\begin{pmatrix} 1 & 2 & 1 & | & 1 & 0 & 0 \\ 0 & 3 & -1 & | & 0 & 1 & 0 \\ 1 & -1 & 2 & | & 0 & 0 & 1 \end{pmatrix} \xrightarrow{\text{(第3行)}-\text{(第1行)}} \begin{pmatrix} 1 & 2 & 1 & | & 1 & 0 & 0 \\ 0 & 3 & -1 & | & 0 & 1 & 0 \\ 0 & -3 & 1 & | & -1 & 0 & 1 \end{pmatrix}$$

$$\xrightarrow{\text{(第3行)}+\text{(第2行)}} \begin{pmatrix} 1 & 2 & 1 & | & 1 & 0 & 0 \\ 0 & 3 & -1 & | & 0 & 1 & 0 \\ 0 & 0 & 0 & | & -1 & 1 & 1 \end{pmatrix}$$

$$\xrightarrow{?}$$

えーと,あれ! また左側の第3行がゼロになりました。

🧑‍🦳 ということは,これも非正則行列だったんだね。

👨 見ただけじゃ,逆行列があるのかどうかわからないですね。

🧑‍🦳 普通の数のときは,ゼロじゃなければ必ず逆数があったけど,正方行列の場合はそれが正則なのか非正則なのか,見ただけではわからないんだね。

👨 あらかじめ逆行列があるかどうか,わかる方法はないんですか?

🧑‍🦳 もちろんあるよ。それを理解するのも「線形代数」の大切な課題だから,いずれゆっくり考えることにして,もう一度,連立1次方程式に戻ることにしよう。

👨 また連立1次方程式ですか。

🔴 逆行列と連立1次方程式

🧑‍🦳 ここでは,連立1次方程式の解法と逆行列の関係を考えてみたいんだ。

👦 どういうことですか？

👨 以前の例で考えよう。

$$\begin{pmatrix} 1 & 2 \\ 3 & 1 \end{pmatrix} \begin{pmatrix} x \\ y \end{pmatrix} = \begin{pmatrix} 1 \\ 2 \end{pmatrix}$$

の左辺の 2×2 行列を M, 2 つのベクトルをそれぞれ

$$x = \begin{pmatrix} x \\ y \end{pmatrix}, \quad a = \begin{pmatrix} 1 \\ 2 \end{pmatrix}$$

とおこう。そうすればこの連立1次方程式は，

$$Mx = a$$

のように書くことができる。

👦 ずいぶん簡単になりましたね。

👨 そして，ここで現れた行列 M の逆行列 M^{-1} は，前に掃き出し法によって

$$M^{-1} = \frac{1}{5} \begin{pmatrix} -1 & 2 \\ 3 & -1 \end{pmatrix}$$

のように求めたね。

👦 そうでした。

👨 実は，連立方程式を解く操作というのは，この M^{-1} を連立方程式 $Mx = a$ の両辺に左側から掛けることに対応しているんだ。

👦 どういうことですか？

👨 実際やってみるとすぐわかるよ。

$$M^{-1}Mx = M^{-1}a \quad \Leftrightarrow \quad Ex = M^{-1}a$$

となって，これを行列に復元してみると，

$$\begin{pmatrix} 1 & 0 \\ 0 & 1 \end{pmatrix} \begin{pmatrix} x \\ y \end{pmatrix} = \frac{1}{5} \begin{pmatrix} -1 & 2 \\ 3 & -1 \end{pmatrix} \begin{pmatrix} 1 \\ 2 \end{pmatrix} = \frac{1}{5} \begin{pmatrix} 3 \\ 1 \end{pmatrix}$$

となる。

👦 はあ。

👨 この右辺と左辺を比べてみれば，

$$\begin{pmatrix} x \\ y \end{pmatrix} = \begin{pmatrix} \frac{3}{5} \\ \frac{1}{5} \end{pmatrix}$$

であることはすぐにわかるから，連立方程式は解けたことになる。

😊 確かにそうですね。で，これが何か？

🧑‍🏫 要するに，連立方程式 $Mx=a$ を解くということは，行列 M の逆行列 M^{-1} をこの式の両辺に左側から掛ける操作に対応していることがわかったんだけど，ここでは，もし M が非正則行列だったらどうなるかを考えてみたいんだ。

😊 非正則行列って，逆行列がない行列でしたよね。そういうときは，どうなるんですか？

🧑‍🏫 さあ。どうなると思う？

😊 方程式が解けないってことですか？

🧑‍🏫 どうだろう。こうやって，いろいろと予想を立てながら先に進むのは，楽しいだろう？

😊 そうでもないです。数学を楽しいと思ったことなんか，一度もないですけど。

🧑‍🏫 ……。今，キミは「そういうときは，どうなるか」っていう疑問をもったよね。そう思ったときが，数学を好きになるチャンスなんだ。誰かに教わるという意識を捨てて，自分でちょっと先を予想してみるんだ。

😊 先を予想すると，何かいいことがありますか？

🧑‍🏫 もし予想通りだったら，ちょっとうれしいよ。

😊 それだけですか。

🧑‍🏫 それだけだけど，そういうちょっとしたことの積み重ねが実は大切

だと思うよ。まあとにかく，先へ進もう。

🧑 はあ。

👨 前に出てきた行列，
$$A = \begin{pmatrix} 1 & 2 \\ 4 & 8 \end{pmatrix}$$
を使って，次のような連立1次方程式を考えよう。
$$\begin{pmatrix} 1 & 2 \\ 4 & 8 \end{pmatrix} \begin{pmatrix} x \\ y \end{pmatrix} = \begin{pmatrix} 1 \\ 4 \end{pmatrix}$$

🧑 このAには逆行列がないんでしたよね。

👨 そうだったよね。でもまあとにかく，掃き出し法でこの方程式を解いてみると，
$$\left(\begin{array}{cc|c} 1 & 2 & 1 \\ 4 & 8 & 4 \end{array}\right) \xrightarrow{(第2行)-4\times(第1行)} \left(\begin{array}{cc|c} 1 & 2 & 1 \\ 0 & 0 & 0 \end{array}\right)$$
となるよ。

🧑 ずいぶん変な形ですね。

👨 これをもとの形に復元すると，
$$\begin{pmatrix} 1 & 2 \\ 0 & 0 \end{pmatrix} \begin{pmatrix} x \\ y \end{pmatrix} = \begin{pmatrix} 1 \\ 0 \end{pmatrix}$$
となる。

🧑 どういうことですか？

👨 連立方程式が，
$$\begin{cases} x+2y=1 \\ 0=0 \end{cases}$$
になったということだね。第2式は当たり前の式だから，意味があるのは第1式だけだ。

🧑 第1式はこれから解くんですか？

👨 いや，これはすでに解いた結果なんだ。だいたい，もうこれ以上解きようがないよね。

第2章 行列と連立1次方程式

2-4 逆行列がない！ 115

😐 えー，でもxとかyがわかりませんよ。

🧑‍🏫 この第1式$x+2y=1$を満たすようなxやyには，例えば$x=-1$, $y=1$や$x=1$, $y=0$とかが考えられるよね。

😐 そうかもしれませんけど，どれが答えなんですか？

🧑‍🏫 それはもちろん，これらすべてがこの方程式の解なんだ。

😐 えっ，そんないい加減な答えでいいんですか？

🧑‍🏫 別にいい加減じゃないよ。この答えを可視化すれば，xy平面上の直線$x+2y=1$，つまり$y=-\frac{1}{2}x+\frac{1}{2}$ということになる。

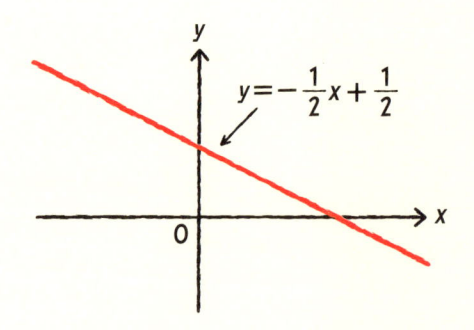

$y=-\frac{1}{2}x+\frac{1}{2}$

この直線上の点すべてが，この連立方程式の解なんだ。

😐 そんなことがあるんですか？

🧑‍🏫 一般に連立方程式$Mx=a$で，行列Mが非正則，つまり逆行列がないときには，こういう「解が1つに決まらない」ことが起こり得るんだね。

😐 そうなんですか。

🧑‍🏫 だから，連立1次方程式を解く場合にも，逆行列があるかどうかを判定することがとても大切なんだ。何しろ，解が1つに決まるかどうかに関わるんだからね。

はあ。

それから，次のような場合もあるから一応注意しておくよ。もし連立方程式が

$$\begin{pmatrix} 1 & 2 \\ 4 & 8 \end{pmatrix} \begin{pmatrix} x \\ y \end{pmatrix} = \begin{pmatrix} 1 \\ 2 \end{pmatrix}$$

のような形だったとするんだ。

さっきとの違いは右辺だけですね。

そう。それで，これを掃き出し法で解けば，

$$\begin{pmatrix} 1 & 2 & | & 1 \\ 4 & 8 & | & 2 \end{pmatrix} \xrightarrow{(第2行)-4\times(第1行)} \begin{pmatrix} 1 & 2 & | & 1 \\ 0 & 0 & | & -2 \end{pmatrix}$$

となる。

そうですね。

これを連立方程式に戻せば，

$$\begin{cases} x+2y=1 \\ 0=-2 \end{cases}$$

となるよね。

第2式は変な式ですね。

これは明らかに矛盾してるよね。

何がいけないんですか？

こういうのは，最初の連立方程式自体が矛盾していて，意味を成さないと考えるんだ。だから，こんな方程式を満たす x と y は存在しない，というのが答えだね。

そんな場合もあるんですね。

行列が非正則の場合には，こういうことも起こるので注意が必要だね。

わかりました。ふぅ……。ちょっと疲れてきましたね。

じゃあ今回はこれくらいにして，次回は行列が正則かどうかを判定する話をすることにしよう。

コラム　K先生の独り言「連立方程式の幾何学的意味」

何度も出てきた行列を使って，連立1次方程式

$$\begin{pmatrix} 1 & 2 \\ 3 & 1 \end{pmatrix} \begin{pmatrix} x \\ y \end{pmatrix} = \begin{pmatrix} 0 \\ 0 \end{pmatrix} \quad \Leftrightarrow \quad Mx = 0$$

を考えてみよう。ここで，すべての成分がゼロであるようなベクトルを0と書いた。これをゼロベクトルと呼ぶんだった。この方程式と，以前考えた方程式

$$\begin{pmatrix} 1 & 2 \\ 3 & 1 \end{pmatrix} \begin{pmatrix} x \\ y \end{pmatrix} = \begin{pmatrix} 1 \\ 2 \end{pmatrix} \quad \Leftrightarrow \quad Mx = a$$

は非常に似ていて，違いは右辺だけだから，これらは密接に関わっていそうだね。その関係を見るために，まず以前求めた後者の解を

$$x_0 = \frac{1}{5} \begin{pmatrix} 3 \\ 1 \end{pmatrix}$$

と書いてみよう。そうすると$Mx_0 = a$だから，前者$Mx = 0$のxを$x - x_0$と置きかえれば

$$M(x - x_0) = 0 \quad \Leftrightarrow \quad Mx = Mx_0 \quad \Leftrightarrow \quad Mx = a$$

となり後者が得られることがわかる。

　この図形的な意味は次のようなものなんだ。つまり，ベクトルxが住む平面の原点を，改めて位置x_0に移すことにより，方程式$Mx = 0$は$Mx = a$に置きかわるということだね。要するに2つの方程式の違いは，平面上に定めた原点の位置の違いだけだから，これらはほとんど同じものと考えることができるんだ。

　そのような理由で，ここでは話を簡単にするために，いつでも右辺がゼロベクトルの連立1次方程式$Mx = 0$を考えることにしよう。前節の「独り言」でみた線形写像の言葉では，Mによってゼロベクトルに写されるxを求める問題，ということになる。このような性質をもつxを線形写像の「核(Kernel)」と呼ぶんだ。

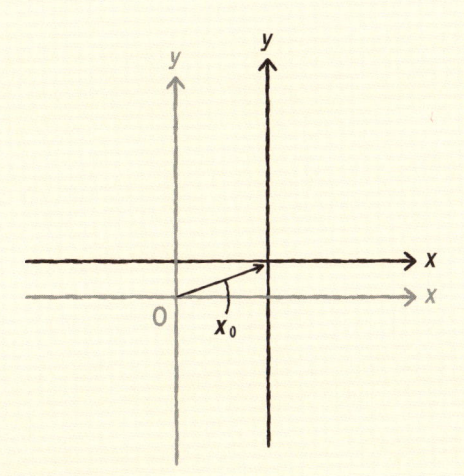

さて，上に挙げた例では

$$M = \begin{pmatrix} 1 & 2 \\ 3 & 1 \end{pmatrix}$$

は正則行列，つまり逆行列をもつから，$M\boldsymbol{x}=\boldsymbol{0}$ の左側から M^{-1} を掛ければ，

$$M^{-1}M\boldsymbol{x} = M^{-1}\boldsymbol{0} \quad \Leftrightarrow \quad E\boldsymbol{x} = \boldsymbol{0} \quad \Leftrightarrow \quad \boldsymbol{x} = \boldsymbol{0}$$

となって，方程式 $M\boldsymbol{x}=\boldsymbol{0}$ の解は $\boldsymbol{0}$ だけであることがわかるよね。これは，正則行列 M による線形写像の核は平面内のただ1つの点 $\boldsymbol{0}$ だけであることを意味しているけど，$\boldsymbol{x}=\boldsymbol{0}$ は M がどのようなものであっても核になるのは当たり前なので，「自明な核」と呼ばれているよ。つまり，正則行列による線形写像の核は，自明な核だけなんだね。

一方，非正則行列による線形写像の場合にはまったく事情が異なるんだ。例えば，これも以前考えた行列 A による連立1次方程式

$$\begin{pmatrix} 1 & 2 \\ 4 & 8 \end{pmatrix} \begin{pmatrix} x \\ y \end{pmatrix} = \begin{pmatrix} 0 \\ 0 \end{pmatrix} \quad \Leftrightarrow \quad A\boldsymbol{x} = \boldsymbol{0}$$

の解は，掃き出し法ですぐにわかるように，直線 $x+2y=0$，つまり $y=-\frac{1}{2}x$ 上のすべての点になる。これは非正則行列 A による線形写像の核が「平面内の直線」であることを意味するんだね。幾何学的には，直線は1次元の「拡がり」をもつ図形だけど，一般に非正則行列による線形写像の核は，このような拡がった「自明でない」図形にな

第2章 行列と連立1次方程式

2-4 逆行列がない！

るんだ。

　このように，連立1次方程式には幾何学的な意味が背後に隠れているんだ。

まとめ

●非正則行列

　逆行列をもたない正方行列のことを非正則行列という。基本変形をして，ある行がすべてゼロになれば，その正方行列は非正則行列である。

●連立1次方程式の解

　連立1次方程式 $Mx = a$ において，正方行列 M が非正則ならば，解は1つに決まらないか，または解はない。

2章の宿題

1. 2×2 行列 $A = \begin{pmatrix} 0 & 1 \\ 1 & 0 \end{pmatrix}$, $B = \begin{pmatrix} 1 & 1 \\ 0 & 1 \end{pmatrix}$ について，次の問いに答えなさい。
   (1) 行列 $2A + 3B$ を求めなさい。
   (2) 行列 $A - 4B$ を求めなさい。
   (3) 行列 AB を求めなさい。
   (4) 行列 BA を求めなさい。
   (5) 行列 A の逆行列 A^{-1} が，行列 A 自身であることを確かめなさい。
   (6) 行列 B の逆行列 B^{-1} を求めなさい。

2. A を 2×3 行列，B を 3×2 行列とする。このとき，$AB \neq BA$ であることを確かめなさい。

3 任意の行列Aに対して，その行と列を入れかえてできる行列を，転置行列といい，${}^t\!A$と書くことにします。このとき，${}^t\!A = A$となる行列Aを対称行列といい，${}^t\!A = -A$となる行列Aを交代行列（または反対称行列）といいます。今，行列Aを2×2行列

$$A = \begin{pmatrix} a & b \\ c & d \end{pmatrix}$$

として，以下の問いに答えなさい。ただし，$ad - bc \neq 0$とします。

(1) 行列Aの転置行列${}^t\!A$を求めなさい。

(2) 行列A^{-1}の転置行列${}^t(A^{-1})$を求めなさい。

(3) 転置行列${}^t\!A$の逆行列$({}^t\!A)^{-1}$を求めなさい。

(4) 行列$A + {}^t\!A$は対称行列であることを確かめなさい。

(5) 行列$A - {}^t\!A$は交代行列であることを確かめなさい。

第3章
行列式とその応用

この章で学ぶこと
- 行列式とは？
- 行列式の性質
- 行列式の応用

3-1 行列式って何?

🧑 こんにちは。今日は「ナントカの判定条件」についての話ですよね。

👨 「ナントカ」はひどいよ。正則行列の判定条件だよね。

🧑 すいません。全然覚えてなかったので……。

👨 まあいいや。この判定条件で大切なのは，**行列式**というものなんだ。

🧑 よく演習で計算させられるやつですけど，意味が全然わからないんです。

👨 まあ，そのあたりから始めようか。

2×2の行列式

👨‍🏫 じゃあ,まずはいちばん簡単なところから始めよう。

🧑 いちばん簡単って?

👨‍🏫 2×2の正方行列が正則かどうかの判定条件だ。これまでに何度か使ってきた例で考えてみることにするよ。

🧑 何度か使った例って,どんなものでしたっけ?

👨‍🏫 まず2×2の非正則行列の例として,

$$\begin{pmatrix} 1 & 2 \\ 4 & 8 \end{pmatrix}$$

を考えよう。

🧑 確かにこれには逆行列がありませんでしたね。

👨‍🏫 逆行列があるかどうかを,どうやって判断したか覚えてる?

🧑 えーと……。

👨‍🏫 ちょっと前の話を思い出すと,2×2行列が非正則のときには,どちらかの行の成分を基本変形ですべてゼロにできるんだったよね。これを言いかえれば,「第2行目が第1行目のちょうど何倍かになっている場合」であることは明らかだね。

🧑 えーと,確かにそうですね。じゃあ,正則かどうかはこれで判定すればいいんですね?

👨‍🏫 まあそうなんだけど,今後のためにこれを図形的に調べる方法を与えておこう。

🧑 図形的にですか?

👨‍🏫 そう。この非正則行列の第1行を成分にもつベクトルと,第2行を成分にもつベクトルをそれぞれ a, b とすれば,

3-1 行列式って何? 125

$$a = \begin{pmatrix} 1 \\ 2 \end{pmatrix}, \quad b = \begin{pmatrix} 4 \\ 8 \end{pmatrix}$$

となる。

🧑 えーと……横に並んだ数字を縦に並びかえたんですね。

👨 そうだね。ここではベクトルの書き方を「縦ベクトル（列ベクトル）」に統一することにしているからね。

🧑 このベクトルをどうするんですか？

👨 一目でわかるように，b は a を定数倍したもの，具体的には4倍したものになっているよ。図形的に見れば，この2つのベクトルは，長さは違っても方向は一致しているということだね。

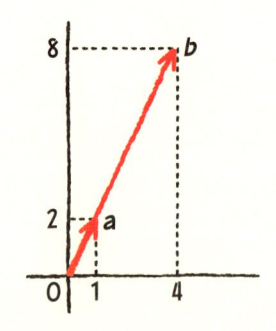

🧑 それはすぐにわかりますね。

👨 ということは，もとの行列の第2行目が第1行目を定数倍したものということ，つまり2つのベクトルの方向が一致していることが，この行列の非正則性の原因だったんだ。だから，2×2行列が正則かどうかを判定するには，第1行目から作ったベクトルと第2行目から作ったベクトルの方向が一致しているかどうかを見ればいいんだ。

🧑 そういうことですか。

👨 そして，方向が一致するかどうかを判定するには，以前出てきた道具がとても役に立つんだ。

😀 どんな道具ですか？

🧑‍🏫 同じ方向を向いたベクトルどうしの「外積」が，いつでもゼロベクトルになることを思い出そう。これは使えそうだよね。

😀 どう使えばいいんですか？

🧑‍🏫 まず，「平面」ベクトル a と b を，3次元の「空間」ベクトルと見なすことにしよう。つまり，

$$a = \begin{pmatrix} 1 \\ 2 \end{pmatrix} \quad \rightarrow \quad A = \begin{pmatrix} 1 \\ 2 \\ 0 \end{pmatrix}$$

$$b = \begin{pmatrix} 4 \\ 8 \end{pmatrix} \quad \rightarrow \quad B = \begin{pmatrix} 4 \\ 8 \\ 0 \end{pmatrix}$$

のように，それぞれのベクトルが3次元空間内の1-2平面にあるものと考えるんだ。

😀 こうすると何かいいことがあるんですか？

🧑‍🏫 今言ったようにベクトルの外積を使うためだね。以前見たように，$A \times B$ の長さは A と B が作る平行四辺形の面積だった。だから，もし A と B の方向が一致していれば，$A \times B = 0$ だ。

😀 そういえば，思い出してきました。面積ゼロの平行四辺形ができるんでしたよね。

🧑‍🏫 そう言うこともできるよね。だから，2本のベクトルが同じ方向を向いているかどうかを判定する場合に，外積が威力を発揮するんだ。

😀 ベクトルの外積がこんなところに出てくるんですね。

🧑‍🏫 じゃあ，ここで2×2行列が正則かどうかの判定条件を与えてしまおう。まず，任意の2×2行列 M を，成分 m_{ij} を使って

$$M = \begin{pmatrix} m_{11} & m_{12} \\ m_{21} & m_{22} \end{pmatrix}$$

と書こう。

3-1 行列式って何？ 127

🧑 m_{11} とかは任意の数ですよね。

👨‍🦳 そう。そしてこの第1行目 (m_{11}, m_{12}) から作った空間ベクトル

$$A = \begin{pmatrix} m_{11} \\ m_{12} \\ 0 \end{pmatrix}$$

と，第2行目 (m_{21}, m_{22}) から作った空間ベクトル

$$B = \begin{pmatrix} m_{21} \\ m_{22} \\ 0 \end{pmatrix}$$

の関係を見てみよう。

🧑 同じ方向かどうかってことですか？

👨‍🦳 そうだね。そのために，これらの外積 $A \times B$ を考えるんだけど，以前見たように1-2平面上にあるベクトルどうしの外積は第3成分しかもたないから，それだけを見ればいいよね。

🧑 具体的にはどうすればいいんですか？

👨‍🦳 $A \times B$ の第3成分を $(A \times B)_3$ と書くことにすれば，

$$(A \times B)_3 = m_{11}m_{22} - m_{12}m_{21}$$

のようになるから*，この値がゼロなら A と B は同じ方向を向いたベクトルということになるんだ。

🧑 はあ。

👨‍🦳 逆に行列 M が正則ならば，A と B は別々の方向を向いているはずだから，$m_{11}m_{22} - m_{12}m_{21} \neq 0$ であることもわかるよね。

🧑 確かにそうですね。

👨‍🦳 この $m_{11}m_{22} - m_{12}m_{21}$ は，2×2 行列 M が正則かどうかを判定する重要な量だから，特別な記法と名前をもっているんだ。

🧑 わかった，それが行列式！

---

*1-5節,「外積と平行四辺形」の計算で，$a_1 = m_{11}$, $a_2 = m_{12}$, $b_1 = m_{21}$, $b_2 = m_{22}$ と置きかえればよい。

そう。行列

$$M = \begin{pmatrix} m_{11} & m_{12} \\ m_{21} & m_{22} \end{pmatrix}$$

の成分から作った量 $m_{11}m_{22} - m_{12}m_{21}$ を M の行列式と呼んで，

$$|M| = \begin{vmatrix} m_{11} & m_{12} \\ m_{21} & m_{22} \end{vmatrix} = m_{11}m_{22} - m_{12}m_{21}$$

のように「絶対値記号」を用いて書くのが習慣だね。

この書き方はよく見ます。計算だけなら何度もやりました。意味は初めて知りましたけど……。

今見たように，行列式は行列ではなくて，ただの数だから注意しようね。計算の仕方は，いわゆる「たすきがけ」で簡単にできるよね。

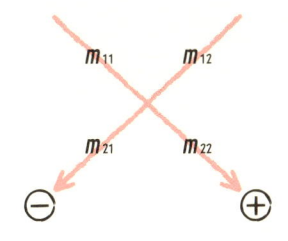

よく見る図ですね。

試しに，以前出てきた行列

$$\begin{pmatrix} 1 & 2 \\ 3 & 1 \end{pmatrix}$$

が正則かどうか判定してみよう。

行列式を計算すればいいんですね？　えーと，たすきがけで

$$\begin{vmatrix} 1 & 2 \\ 3 & 1 \end{vmatrix} = 1 \times 1 - 2 \times 3 = 1 - 6 = -5$$

です。

これはゼロじゃないから，この行列は正則であることがわかったね。以前計算したように，この行列には逆行列があることからもそれは

明らかだね。

そうですね。

● 行の入れかえ

ところで，今の行列式の定義は，各行から作ったベクトルの外積の第3成分だった。きちんと書けば，

$$\begin{vmatrix} m_{11} & m_{12} \\ m_{21} & m_{22} \end{vmatrix} = (\boldsymbol{A} \times \boldsymbol{B})_3$$

だね。

そうでしたね。

ここで左辺の第1行と第2行を入れかえてみよう。

どうしていきなり入れかえなんですか？

まあ，そう言わないで聞きなよ。そうすると，右辺はベクトル$\boldsymbol{A}$, $\boldsymbol{B}$の定義から

$$\begin{vmatrix} m_{21} & m_{22} \\ m_{11} & m_{12} \end{vmatrix} = (\boldsymbol{B} \times \boldsymbol{A})_3$$

となるよ。

えーと，順番が変わったんですね。

そうだね。ここで外積の性質から$\boldsymbol{B} \times \boldsymbol{A} = -\boldsymbol{A} \times \boldsymbol{B}$だから，

$$\begin{vmatrix} m_{21} & m_{22} \\ m_{11} & m_{12} \end{vmatrix} = (\boldsymbol{B} \times \boldsymbol{A})_3 = -(\boldsymbol{A} \times \boldsymbol{B})_3$$

がわかる。

これが何か？

この式の最後に最初の定義式を入れると，

$$\begin{vmatrix} m_{21} & m_{22} \\ m_{11} & m_{12} \end{vmatrix} = (\boldsymbol{B} \times \boldsymbol{A})_3$$
$$= -(\boldsymbol{A} \times \boldsymbol{B})_3 = -\begin{vmatrix} m_{11} & m_{12} \\ m_{21} & m_{22} \end{vmatrix}$$

となる。つまり，行列式は行の入れかえをすると±の符号が変わるんだ。

そうなんですか。

あとで見ることになると思うけど，実はこの性質は，行列式一般に成り立つ，とても重要な性質なんだ。

符号が変わるだけで，そんなに大事なんですか？

そりゃそうだよ。プラスの数とマイナスの数が入れかわるんだから。1万円の黒字と1万円の赤字じゃ，大違いだよね。

それならわかりますけど……。

それから，もとの行列の「行」と「列」を入れかえた行列を**転置行列**というんだけど*，次は転置行列の行列式と，もとの行列の行列式を比べてみよう。

転置行列ですか？

今の場合，
$$M = \begin{pmatrix} m_{11} & m_{12} \\ m_{21} & m_{22} \end{pmatrix}$$

だから，その転置行列を ${}^tM$ と書くことにすれば，
$${}^tM = \begin{pmatrix} m_{11} & m_{21} \\ m_{12} & m_{22} \end{pmatrix}$$

となるよね。

じゃあ，${}^tM$ の行列式は？

＊第2章の宿題3を参照。

そのままたすきがけで計算してみれば，

$$|{}^tM| = \begin{vmatrix} m_{11} & m_{21} \\ m_{12} & m_{22} \end{vmatrix} = m_{11}m_{22} - m_{21}m_{12}$$

$$= m_{11}m_{22} - m_{12}m_{21}$$

だね。

最後の式は$|M|$と同じですか？

そうだね。2×2行列について$|M| = |{}^tM|$が成り立っているよ。転置行列の行列式と，もとの行列の行列式は等しいんだ。実は，これも行列式の一般的な性質の一つなんだよ。

わかりました。ところでN先生の講義では，もっと難しい行列式も出てくるんですけど……。

● 3×3の行列式

行列のサイズが変われば，もちろん対応する行列式も変わってくるよ。次は3×3行列の場合を考えよう。

はい。

この場合も，調べたいのは3×3行列が正則かどうかだよね。例えば，前に考えた行列

$$M = \begin{pmatrix} 1 & 2 & 1 \\ 0 & 3 & -1 \\ 1 & -1 & 2 \end{pmatrix}$$

は非正則行列，つまり逆行列をもたなかったけど，この理由を考えてみよう。

またベクトルの話にするんですか？

そうだね。やはり図形的に考えた方がわかりやすいと思う。2×2行列のときと同じように，この行列の各行を3本のベクトルとして見

てみよう。今度は最初から空間のベクトルを考えることになるよね。

🧑 やはり横に並んだ数を縦に並びかえるんですか？

👨 そうだね。各行を縦に並べかえて，

$$U=\begin{pmatrix} 1 \\ 2 \\ 1 \end{pmatrix}, \quad V=\begin{pmatrix} 0 \\ 3 \\ -1 \end{pmatrix}, \quad W=\begin{pmatrix} 1 \\ -1 \\ 2 \end{pmatrix}$$

のような空間ベクトルを考えるんだ。

🧑 はあ。

👨 そして，逆行列を求める計算を思い出してみよう。行基本変形をしていったら，第3行がすべてゼロになってしまったんだったね*。

🧑 そういえばそんな計算がありましたね。

👨 ここで定義したベクトルで考えてみよう。行基本変形というのは，例えばWに，UやVをそれぞれ何倍かしたものを足したり引いたりすることに対応していることがわかるよね。

🧑 えーと……，そうなんですか？

👨 それぞれのベクトルが，各行に対応しているんだから，例えば，ある行に別の行を足すということは，それぞれの行に対応したベクトルを足すことになるよね。

🧑 そうか。

👨 そしてこの場合，第3行にはWが対応していて

$$W-U+V=\begin{pmatrix} 1 \\ -1 \\ 2 \end{pmatrix} - \begin{pmatrix} 1 \\ 2 \\ 1 \end{pmatrix} + \begin{pmatrix} 0 \\ 3 \\ -1 \end{pmatrix} = \begin{pmatrix} 0 \\ 0 \\ 0 \end{pmatrix}$$

となっているんだ。

🧑 第3行目から第1行目を引いて，第2行目を足したんですね。

＊ 2-4節参照。

そういうこと。このように，ある行が基本変形の結果，すべてゼロになってしまったことが，行列が非正則であることの理由だったんだね。

ちょっと思い出しました。

この式で，右辺はゼロベクトル，つまりすべての成分がゼロであるベクトルだ。

0と書くんですよね。

そう!! すると，左辺のUとVを右辺に移項すれば，

$$W-U+V=0 \Leftrightarrow W=U-V+0 \Leftrightarrow W=U-V$$

であることがわかる。あるベクトルにゼロベクトルを加えても，何も変わらないからね。

はあ。

この最後の等式の意味はわかるかな？

意味って？

これは，ベクトルWが他の2本のベクトルUとVの線形結合で書けてるってことだよね。

……。

つまり，WはU，Vとは独立じゃないってことだ*。これを図形的に考えれば，WはUとVが作る「ある平面」内にあるってことになるよ。

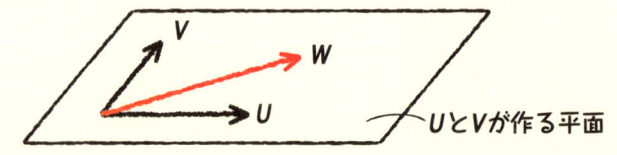

＊ 1-3節参照。

🧒 図で見ると，なんとなくわかりますけど……。

👨 この W が，U と V の作る平面内にあるってこと，正確に言えば，もとの行列の各行から作られる3本のベクトルがすべて独立じゃないってことが，この行列が非正則であることの原因なんだね。

🧒 つまり，どういうことですか？

👨 だから，3×3行列が正則かどうかを判定するには，その各行から作られる3本のベクトルが独立かどうかを見ればいいんだ。

🧒 具体的には，どうすればいいんですか？

👨 2×2行列のときと同様に，ベクトルの演算を使って考えよう。

🧒 はい。

👨 まず，任意の3×3行列を，
$$M = \begin{pmatrix} m_{11} & m_{12} & m_{13} \\ m_{21} & m_{22} & m_{23} \\ m_{31} & m_{32} & m_{33} \end{pmatrix}$$
と書こう。

🧒 さっきと同じですね。

👨 そして，これもさっきと同様に各行を3本のベクトルだと思って，
$$U = \begin{pmatrix} m_{11} \\ m_{12} \\ m_{13} \end{pmatrix}, \quad V = \begin{pmatrix} m_{21} \\ m_{22} \\ m_{23} \end{pmatrix}, \quad W = \begin{pmatrix} m_{31} \\ m_{32} \\ m_{33} \end{pmatrix}$$
としよう。

🧒 また同じように，横に並んだ数を縦に並べかえたんですね。

👨 そうだね。

🧒 これをどうするんですか？

👨 まず，2本のベクトル U と V に垂直なベクトルを作ろう。要するに，この2本のベクトルが作る平面に垂直なベクトルということだけど，

何か思い出さない？

そういえば，何かありましたよね。

しょうがないなあ。外積$U \times V$がそうだよね。

また外積ですか。

ベクトルの外積と行列式の話は，切っても切り離せないんだ。

そうなんですか。

まあ，その理由はだんだんわかってくるから。とにかく，$U \times V$がUとVの作る平面に垂直だっていうのはいいよね。ただし，もちろんUとVは独立，つまり同じ方向を向いてないとするよ。もしこれらが独立じゃなければ，以前見たように$U \times V = 0$となってしまうからね。ここまではいいかな？

まあ，なんとか。

それで，もしもう1本のベクトルWがUとVの作る平面内にあったとしたら，Wと$U \times V$はどういう関係にあるだろう？

えー，突然聞かれても……。

前にも言ったように，線形代数では図形的なイメージがとにかく大切だよ。今の状況を図にしてみれば，

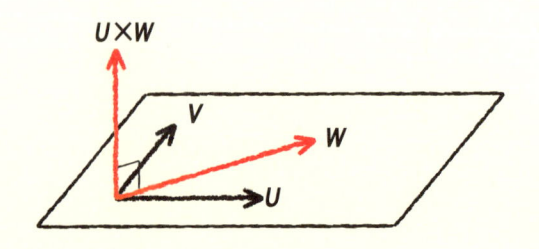

のようになるだろう？

🧑 垂直になってますね。

👨 そうだね。逆に，Wがこの平面に収まってない場合，言いかえればU, Vと独立な場合には，Wと$U \times V$が直交しないのもわかるよね。

🧑 まあ，そうですね。

👨 ところで今ほしいのは，これら3本のベクトルが全部独立であるかどうかを判定する道具だったよね。

🧑 えーと……，そうでした。

👨 その道具にはWと$U \times V$の内積

$$(U \times V) \cdot W$$

が使えるよ。

🧑 そうなんですか？

👨 だって，Wと$U \times V$が直交する場合は，内積の性質からこの式の値はゼロだよね。

🧑 確かにそうですね。

👨 それから，そもそもUとVが独立じゃなかったら，さっき確認したように，やはりこの式の値はゼロだ。

🧑 どうしてですか？

👨 その場合は$U \times V = 0$だからね。つまり，この$(U \times V) \cdot W$の値がゼロでないかどうかで，3本のベクトルU, V, Wがすべて独立かどうかがわかるんだ。

🧑 便利な道具ですね。

👨 そうだろう。だから，やはりこれを3×3行列Mの行列式と呼ぼう。これも，

$$|M| = \begin{vmatrix} m_{11} & m_{12} & m_{13} \\ m_{21} & m_{22} & m_{23} \\ m_{31} & m_{32} & m_{33} \end{vmatrix}$$

と書くのが習慣になっているよ。

🧑 よく計算させられるやつです。

👨 この行列式の具体的な形は，ベクトルの外積と内積の定義式を使えば

$$\begin{aligned}|M| &= (\boldsymbol{U} \times \boldsymbol{V}) \cdot \boldsymbol{W} \\ &= (m_{12}m_{23} - m_{13}m_{22})m_{31} \\ &\quad + (m_{13}m_{21} - m_{11}m_{23})m_{32} \\ &\quad + (m_{11}m_{22} - m_{12}m_{21})m_{33}\end{aligned}$$

となるよ。

🧑 複雑な式ですよね。

👨 そうだけど，これも2×2行列式のときのように，「たすきがけ」で覚えるといいよ。具体的には，

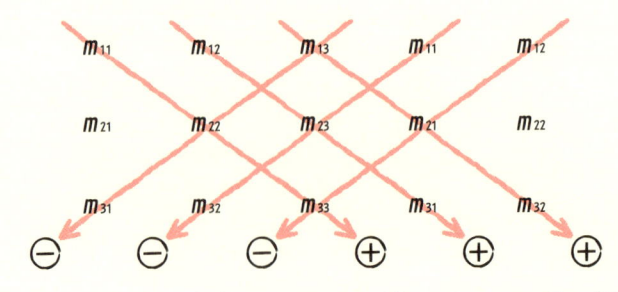

m_{11}	m_{12}	m_{13}	m_{11}	m_{12}
m_{21}	m_{22}	m_{23}	m_{21}	m_{22}
m_{31}	m_{32}	m_{33}	m_{31}	m_{32}

⊖ ⊖ ⊖ ⊕ ⊕ ⊕

のようになるよね。符号がプラスの項とマイナスの項の現れ方に注意しよう。

🧑 この覚え方は，講義中に教わりましたけど，意味は初めて知りました。

またまた行の入れかえ

👨‍🦳 ところで，この3×3行列式の定義では，3本の空間ベクトルの外積と内積を使ったけど，さっきと同様に，やはり外積の定義から

$$(U \times V) \cdot W = -(V \times U) \cdot W$$

となるよね。

👦 えーと，UとVを入れかえたんですね。

👨‍🦳 そう。そしてこれを行列式の言葉に翻訳すれば，行列式は第1行目と第2行目を入れかえると符号が変わる，ということだよ。きちんと書けば，

$$\begin{vmatrix} m_{11} & m_{12} & m_{13} \\ m_{21} & m_{22} & m_{23} \\ m_{31} & m_{32} & m_{33} \end{vmatrix} = -\begin{vmatrix} m_{21} & m_{22} & m_{23} \\ m_{11} & m_{12} & m_{13} \\ m_{31} & m_{32} & m_{33} \end{vmatrix}$$

だね。

👦 えーと，第1行目がUで，第2行目がVで，これらを入れかえたんだから……，そうですね。

👨‍🦳 それから，外積と内積が満たす公式には，

$$(U \times V) \cdot W = (V \times W) \cdot U = (W \times U) \cdot V$$

というのがあるんだ[*]。

👦 何ですか，これ？

👨‍🦳 よく見てごらん，式の中で各ベクトルの順番がクルクル回転しているだろう。

👦 クルクルですか？　えーと……。

👨‍🦳 つまり，最初の等号では$U \to V$，$V \to W$，$W \to U$のように1つずつ順番を繰り上げてるんだ。2つ目の等号も同様だよ。こういうふうにクルクル順番を回すことを**巡回置換**と呼ぶよ。

---

[*] これはちょっと大変だけど，成分を具体的に書けば確かめられる。

```
    U
  ↗   ↖
 ↓     
 V  →  W
```

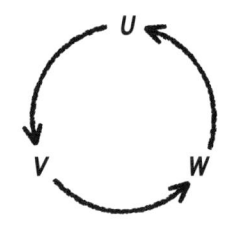

🧑これも行列式の性質と関係あるんですか？

👨もちろん。実は巡回置換というのは，順番の入れかえを偶数回すれば得られることがわかる。

🧑どういうことですか？

👨例えば，$(U, V, W) \to (V, W, U)$のような巡回置換は，まず前の2つを入れかえてから，次に後の2つを入れかえれば

$$(U, V, W) \to (V, U, W) \to (V, W, U)$$
$$\underbrace{}_{\text{入れかえ}} \quad \underbrace{}_{\text{入れかえ}}$$

のようにして得られるよ。つまり2回の入れかえでできる。

🧑確かにそうですね。

👨それで，ベクトルについてのこの公式を，行列式の性質に翻訳すれば，行列式は行の巡回置換をしても値は変わらない，ということになる。具体的に書いてみると，

$$\begin{vmatrix} m_{11} & m_{12} & m_{13} \\ m_{21} & m_{22} & m_{23} \\ m_{31} & m_{32} & m_{33} \end{vmatrix} = \begin{vmatrix} m_{21} & m_{22} & m_{23} \\ m_{31} & m_{32} & m_{33} \\ m_{11} & m_{12} & m_{13} \end{vmatrix} = \begin{vmatrix} m_{31} & m_{32} & m_{33} \\ m_{11} & m_{12} & m_{13} \\ m_{21} & m_{22} & m_{23} \end{vmatrix}$$

のようなものだね。

🧑こんな公式，覚えられませんよ。

👨そう思うかもしれないけど，今言ったように巡回置換は偶数回の入れかえで作れるから，これは「行を偶数回入れかえても行列式の値は変わらない」と言いかえることができる。どういう操作をしたかをきちんと押さえておけば十分だよ。

👦 はあ。

👨 一方，行の奇数回の入れかえはどうなるだろう。

👦 さっきは1行目と2行目の入れかえで，符号が変わりました。

👨 そうだったね。実は，これも一般に成り立って，行列式は行の一組を1回入れかえると符号が変わるんだ。つまり，入れかえを1回するごとに符号が変わるんだから，偶数回の入れかえで符号がもとに戻るのは明らかだね。

👦 もっと具体的な話で説明してもらえませんか？

👨 例えば，2行目と3行目を交換した行列式は $(U \times W) \cdot V$ のように書けるけど，これは

$$(U \times W) \cdot V = -(W \times U) \cdot V = -(U \times V) \cdot W$$

となるから，やはりもとの行列式と符号だけ違うものになっている*。

👦 2つ目の等号は何をしたんですか？

👨 よく見てごらん，巡回置換の公式だよ。

👦 ああ，そうか。

👨 さっきも言った通り，この行の入れかえについての性質は，行列式一般に成り立つんだね。

＊1行目と3行目の入れかえでも同様に符号が変わることは，公式
$$(U \times V) \cdot W = (V \times W) \cdot U = -(W \times V) \cdot U$$
からわかる。

さらに転置行列

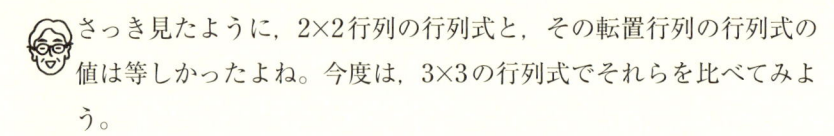

さっき見たように，2×2行列の行列式と，その転置行列の行列式の値は等しかったよね。今度は，3×3の行列式でそれらを比べてみよう。

どういうことですか？

つまり，ある行列Mとその転置行列^tMのそれぞれの行列式

$$|M| = \begin{vmatrix} m_{11} & m_{12} & m_{13} \\ m_{21} & m_{22} & m_{23} \\ m_{31} & m_{32} & m_{33} \end{vmatrix}, \quad |{}^tM| = \begin{vmatrix} m_{11} & m_{21} & m_{31} \\ m_{12} & m_{22} & m_{32} \\ m_{13} & m_{23} & m_{33} \end{vmatrix}$$

を比べてみるんだ。

どこが違うのかよくわかりません……。

じゃあ，成分に別の文字を使って

$$|M| = \begin{vmatrix} u_1 & u_2 & u_3 \\ v_1 & v_2 & v_3 \\ w_1 & w_2 & w_3 \end{vmatrix}, \quad |{}^tM| = \begin{vmatrix} u_1 & v_1 & w_1 \\ u_2 & v_2 & w_2 \\ u_3 & v_3 & w_3 \end{vmatrix}$$

ならどうだろう？

やっとわかりました。

で，これらを比べてみよう。

どうすればいいんですか？

単純に，両方をたすきがけで計算しよう。まず，もとの行列式$|M|$は

$$|M| = u_1 v_2 w_3 + u_2 v_3 w_1 + u_3 v_1 w_2 - u_1 v_3 w_2 - u_2 v_1 w_3 - u_3 v_2 w_1$$

だね。

じゃあ転置行列の方は？

これもたすきがけを忠実に実行して，項の順序を変えれば

$$|{}^tM| = u_1v_2w_3 + v_1w_2u_3 + w_1u_2v_3 - u_1w_2v_3 - v_1u_2w_3 - w_1v_2u_3$$
$$= u_1v_2w_3 + w_1u_2v_3 + v_1w_2u_3 - u_1w_2v_3 - v_1u_2w_3 - w_1v_2u_3$$
$$= u_1v_2w_3 + u_2v_3w_1 + u_3v_1w_2 - u_1v_3w_2 - u_2v_1w_3 - u_3v_2w_1$$

となるね。よく比べてごらん。

同じみたいですね。

「みたい」じゃなくて，同じなんだ。つまり，ある3×3行列の行列式と，その転置行列の行列式は同じものになるんだ。これも，行列式一般に成り立つ重要な性質なんだよ。

コラム K先生の独り言「転置行列の行列式について」

ある正方行列の行列式と，その転置行列の行列式は同じものになることを見た。これがどういう意味をもつのか，3×3行列を使って考えてみよう。

ここでは，縦ベクトルUを横に寝かせた「横ベクトル」を${}^tU$と書くことにする。きちんと書くと，

$$U = \begin{pmatrix} u_1 \\ u_2 \\ u_3 \end{pmatrix} \quad \longleftrightarrow \quad {}^tU = (u_1, \ u_2, \ u_3)$$

という関係だ。ほかのベクトルについても同様の書き方をすると，本文で考えた任意の3×3行列は3本の横ベクトルを縦に並べて，

$$M = \begin{pmatrix} {}^tU \\ {}^tV \\ {}^tW \end{pmatrix} = \begin{pmatrix} u_1 & u_2 & u_3 \\ v_1 & v_2 & v_3 \\ w_1 & w_2 & w_3 \end{pmatrix}$$

のように書くことができる。一方，この行列の転置行列はもとの縦ベクトルを3つ並べて，

$${}^tM = (U, \ V, \ W) = \begin{pmatrix} u_1 & v_1 & w_1 \\ u_2 & v_2 & w_2 \\ u_3 & v_3 & w_3 \end{pmatrix}$$

と書けることもわかる。2つの関係をよく見比べてほしい。今の書き方だと，行列とそれを構成する各ベクトルでは「転置記号(t)」のつ

き方が逆になっていることに注意しよう。このようなベクトルを使った行列の書き方だと，「もとの行列とその転置行列の行列式は等しい」こと，つまり $|M|=|{}^tM|$ は

$$\begin{vmatrix} {}^tU \\ {}^tV \\ {}^tW \end{vmatrix} = |U, \ V, \ W|$$

と書けることがわかる。

　ところで，行列式の性質に「行を入れかえれば符号が変わる」というのがあったけど，例えば1行目と2行目の入れかえはこの左辺の書き方を使って，

$$\begin{vmatrix} {}^tV \\ {}^tU \\ {}^tW \end{vmatrix} = -\begin{vmatrix} {}^tU \\ {}^tV \\ {}^tW \end{vmatrix}$$

のように書ける。この式の左辺と，その転置の関係はもちろん

$$\begin{vmatrix} {}^tV \\ {}^tU \\ {}^tW \end{vmatrix} = |V, \ U, \ W|$$

だから，これと上の式を組み合わせると

$$|V, \ U, \ W| = \begin{vmatrix} {}^tV \\ {}^tU \\ {}^tW \end{vmatrix} = -\begin{vmatrix} {}^tU \\ {}^tV \\ {}^tW \end{vmatrix} = -|U, \ V, \ W|$$

がわかる。いちばん左といちばん右を見比べれば，行列式の第1列目と第2列目を入れかえるとやはり符号が変わることがわかる。そして実は，行の場合と同様に，行列式のどの列を入れかえても符号が変わることが示せる。一般に，「行列式の行について成り立つ関係は列に関しても成り立つ」ということは，どの線形代数の教科書にも証明されている重要な性質なんだ。

🌰 まとめ

● 行列式
- 行列式とは，行列の各行から作ったベクトルが独立かどうかを判定する道具である。
- 行列式の行を入れかえると符号が変わる。
- 転置行列の行列式は，もとの行列の行列式と等しい。

3-2 行列式のしくみ

👨‍🏫 行列式には，今見てきた以外にもいろいろと興味深い性質があるんだ。

🧑 それって，ややこしい公式がいっぱいあるってことですか？

👨‍🏫 そうじゃなくて，面白い公式がたくさんあるんだよ。

🧑 どっちでも同じような気がしますが。

👨‍🏫 まあ，とにかく先へ進んでみよう。

🧑 はい。

● 3×3行列式の中の2×2行列式

👨‍🏫 まず，3×3行列の行列式の定義を思い出してみよう。

$$|M| = (U \times V) \cdot W = (m_{12}m_{23} - m_{13}m_{22})m_{31}$$
$$+ (m_{13}m_{21} - m_{11}m_{23})m_{32}$$
$$+ (m_{11}m_{22} - m_{12}m_{21})m_{33}$$

だったね。

🧑 はあ。

👨‍🏫 この式のいちばん右辺をしばらくの間，じっと眺めてみよう。何か気づかない？

🧑 ……。m だらけです。

それは気づいたというよりも、見たまま、ってことだよね。実は、この右辺には1つサイズが小さい2×2の行列式が隠れているんだ。

そうなんですか？

例えば、この式の右辺の最後の項でm_{33}の前の括弧の中を見てみよう。

えーと、$m_{11}m_{22} - m_{12}m_{21}$ですか？

そう。これは、2×2行列

$$\begin{pmatrix} m_{11} & m_{12} \\ m_{21} & m_{22} \end{pmatrix}$$

の行列式、

$$\begin{vmatrix} m_{11} & m_{12} \\ m_{21} & m_{22} \end{vmatrix} = m_{11}m_{22} - m_{12}m_{21}$$

そのものだよね。

本当ですね。

同じようにm_{31}の前には、行列式

$$\begin{vmatrix} m_{12} & m_{13} \\ m_{22} & m_{23} \end{vmatrix} = m_{12}m_{23} - m_{13}m_{22}$$

があるし、m_{32}の前にも行列式

$$-\begin{vmatrix} m_{11} & m_{13} \\ m_{21} & m_{23} \end{vmatrix} = -(m_{11}m_{23} - m_{13}m_{21}) = m_{13}m_{21} - m_{11}m_{23}$$

がある。この場合はマイナスがついてるけどね。

これはどういうことなんですか？

つまり3×3行列式は、2×2行列式を使って「展開」できるんだ。

展開……ですか？

そう。きちんと書けば

$$|M| = \begin{vmatrix} m_{11} & m_{12} & m_{13} \\ m_{21} & m_{22} & m_{23} \\ m_{31} & m_{32} & m_{33} \end{vmatrix}$$

$$= \begin{vmatrix} m_{12} & m_{13} \\ m_{22} & m_{23} \end{vmatrix} m_{31} - \begin{vmatrix} m_{11} & m_{13} \\ m_{21} & m_{23} \end{vmatrix} m_{32} + \begin{vmatrix} m_{11} & m_{12} \\ m_{21} & m_{22} \end{vmatrix} m_{33}$$

のようになっている。

はあ。

これを，行列式$|M|$の「第3行についての展開」というんだ。もとの3×3行列式の第3行目m_{31}，m_{32}，m_{33}の係数がそれぞれ2×2行列式で書かれているよ。

確かにそうですね。

この係数部分の2×2行列式を作るルールはわかるかな？

えー，わからないです。

そうすぐにあきらめないで，よく見てみよう。例えば，m_{31}の係数はもとの行列から「第3行」と「第1列」を除いた部分の行列式になっている。

$$\begin{matrix} * & m_{12} & m_{13} \\ * & m_{22} & m_{23} \\ (m_{31}) & * & * \end{matrix}$$

ああ，そうか。

それから符号を除けば，m_{32}の係数はもとの行列から「第3行」と「第2列」を除いた部分の行列式，m_{33}の係数はもとの行列から「第3行」と「第3列」を除いた部分の行列式でできていることがわかる。

$$\begin{matrix} m_{11} & * & m_{13} \\ m_{21} & * & m_{23} \\ * & (m_{32}) & * \end{matrix} \qquad \begin{matrix} m_{11} & m_{12} & * \\ m_{21} & m_{22} & * \\ * & * & (m_{33}) \end{matrix}$$

第3章 行列式とその応用

🧑 なるほど，そうだったんだ。

👨 ちょっと面白いだろう？

🧑 でも複雑すぎて，面白いとまでは……。

👨 まあ，とにかくルールをまとめておこう。そのために，3×3行列 M の第3行と第 j 列を除いた部分から作った行列式を M の第 $(3, j)$ 小行列式と呼ぶことにしよう。

🧑 何で「小」なんですか？

👨 だって，もとの行列式より1つ小さいサイズの行列式だからね。

🧑 そういうことですか。

👨 そして，この第 $(3, j)$ 小行列式に，符号 $(-1)^{3+j}$ をつけたものを Δ_{3j} と書くことにする。

🧑 その Δ ってなんですか？ 確か，講義中にもN先生が使ってましたけど。

👨 数学ではよく文字が足りなくなるからいろいろな記号が使われるけど，これはギリシャ文字「デルタ」の大文字だ。だから，もちろん「デルタ」と読めばいい。

🧑 やっと読み方がわかりました。

👨 それで，この Δ_{3j} のことを M の第 $(3, j)$ 余因子と呼ぼう。

🧑 また変な言葉が出てきましたね。

👨 まあいいから聞きなよ。これを使えば，

$$\Delta_{31} = (-1)^{3+1} \begin{vmatrix} m_{12} & m_{13} \\ m_{22} & m_{23} \end{vmatrix} = m_{12}m_{23} - m_{13}m_{22},$$

$$\Delta_{32} = (-1)^{3+2} \begin{vmatrix} m_{11} & m_{13} \\ m_{21} & m_{23} \end{vmatrix} = -(m_{11}m_{23} - m_{13}m_{21}),$$

$$\Delta_{33} = (-1)^{3+3} \begin{vmatrix} m_{11} & m_{12} \\ m_{21} & m_{22} \end{vmatrix} = m_{11}m_{22} - m_{12}m_{21}$$

がわかるよね。

はあ。

だから，この余因子を使えば，行列式の第3行に関する展開は，
$$|M|=\Delta_{31}m_{31}+\Delta_{32}m_{32}+\Delta_{33}m_{33}$$
のように簡潔に書けるんだ。

🔴 行列式の展開

ところで，ここまでは3×3行列式の第3行についての展開式を見てきたけど，行列式の行をクルクルと巡回置換しても，その行列式の値は変わらないっていう性質があったよね。

そういえばありましたね。で，それが何か？

行をクルクル回しても何も変わらないってことは，その行列式の第3行なんてのは他の行に対して，決して特別なものじゃないってことだ。

まあ，そうですね。

だから，行列式は第3行だけじゃなくて，実は他のどの行についても展開することができるんだ。

そうなんですか？

まず結論を書いてしまおう。3×3行列式$|M|$の第1行に関する展開式は，

$$|M| = \begin{vmatrix} m_{11} & m_{12} & m_{13} \\ m_{21} & m_{22} & m_{23} \\ m_{31} & m_{32} & m_{33} \end{vmatrix}$$

$$= \begin{vmatrix} m_{22} & m_{23} \\ m_{32} & m_{33} \end{vmatrix} m_{11} - \begin{vmatrix} m_{21} & m_{23} \\ m_{31} & m_{33} \end{vmatrix} m_{12} + \begin{vmatrix} m_{21} & m_{22} \\ m_{31} & m_{32} \end{vmatrix} m_{13}$$

となる。

🧒 じゃあ，第2行については？

👨 それも同じように，
$$|M| = \begin{vmatrix} m_{11} & m_{12} & m_{13} \\ m_{21} & m_{22} & m_{23} \\ m_{31} & m_{32} & m_{33} \end{vmatrix}$$
$$= -\begin{vmatrix} m_{12} & m_{13} \\ m_{32} & m_{33} \end{vmatrix} m_{21} + \begin{vmatrix} m_{11} & m_{13} \\ m_{31} & m_{33} \end{vmatrix} m_{22} - \begin{vmatrix} m_{11} & m_{12} \\ m_{31} & m_{32} \end{vmatrix} m_{23}$$

となる。符号の位置に注意しよう。

🧒 はあ。

👨 そしてこれらの式は，すべて余因子を使って書けば，簡潔に記述することができるんだ。

🧒 余因子って，さっきの「デルタ」ですよね？

👨 そう。行列の (i, j) 成分 m_{ij} の余因子は Δ_{ij} と書くんだったね。結局，3×3行列式の第 i 行についての展開式は，
$$|M| = \Delta_{i1} m_{i1} + \Delta_{i2} m_{i2} + \Delta_{i3} m_{i3}$$
$$= \sum_{j=1}^{3} \Delta_{ij} m_{ij}$$

となっていることが確認できるはずだよ。

🧒 でも，これらはどうやって導くのかよくわかりません。

👨 それは第3行についての展開式を思い出せばいい。
$$|M| = (\boldsymbol{U} \times \boldsymbol{V}) \cdot \boldsymbol{W}$$

を具体的に成分で書き下したよね。

🧒 そうですね。

👨 そして，行列式の巡回置換のときに使った関係式
$$(\boldsymbol{U} \times \boldsymbol{V}) \cdot \boldsymbol{W} = (\boldsymbol{V} \times \boldsymbol{W}) \cdot \boldsymbol{U} = (\boldsymbol{W} \times \boldsymbol{U}) \cdot \boldsymbol{V}$$

で，真ん中の式が第1行目に関する展開式，いちばん右側が第2行目に関する展開式になるのを確かめることができるよ。

逆行列の公式

🧑‍🦳 この行列式の展開を使うと，いろいろと有用な公式を導くことができるんだ。

👦 どんなものですか？

🧑‍🦳 まずは逆行列の公式を求めてみよう。

👦 逆行列って，前に出てきたあれですか？

🧑‍🦳 もちろん。そのために，まず第3行についての展開式をもう一度見てみよう。

$$|M| = \begin{vmatrix} m_{11} & m_{12} & m_{13} \\ m_{21} & m_{22} & m_{23} \\ m_{31} & m_{32} & m_{33} \end{vmatrix}$$

$$= \begin{vmatrix} m_{12} & m_{13} \\ m_{22} & m_{23} \end{vmatrix} m_{31} - \begin{vmatrix} m_{11} & m_{13} \\ m_{21} & m_{23} \end{vmatrix} m_{32} + \begin{vmatrix} m_{11} & m_{12} \\ m_{21} & m_{22} \end{vmatrix} m_{33}$$

のようなものだった。

👦 そうでしたね。

🧑‍🦳 次に，第1行目と第3行目が等しい，次のような行列式を考えよう。

$$\begin{vmatrix} m_{11} & m_{12} & m_{13} \\ m_{21} & m_{22} & m_{23} \\ m_{11} & m_{12} & m_{13} \end{vmatrix}$$

この行列式の値はいくらになる？

👦 急に言われてもわかりませんよ。

🧑‍🦳 いや，それがすぐにわかるんだ。

👦 どうしてですか？

🧑‍🦳 第1行目と第3行目が同じ方向を向いたベクトルなんだから，この行列式の値は0だよね。

👦 えーと……。

🧑‍🏫 定義を思い出そう。行列式とは，その各行のベクトルが独立かどうかを判定する道具だったんだから，2つの行が一致すればその値はいつもゼロだ。

🧑 思い出しました。

🧑‍🏫 それで，この行列式の値はゼロなんだけど，それでもかまわず第3行について展開すれば，

$$0 = \begin{vmatrix} m_{11} & m_{12} & m_{13} \\ m_{21} & m_{22} & m_{23} \\ m_{11} & m_{12} & m_{13} \end{vmatrix}$$

$$= \begin{vmatrix} m_{12} & m_{13} \\ m_{22} & m_{23} \end{vmatrix} m_{11} - \begin{vmatrix} m_{11} & m_{13} \\ m_{21} & m_{23} \end{vmatrix} m_{12} + \begin{vmatrix} m_{11} & m_{12} \\ m_{21} & m_{22} \end{vmatrix} m_{13}$$

となるよ。

🧑 これがそんなに大事なんですか？

🧑‍🏫 まあ聞きなよ。これを，さっきのように余因子を使って書けば

$$0 = \Delta_{31} m_{11} + \Delta_{32} m_{12} + \Delta_{33} m_{13} = \sum_{j=1}^{3} \Delta_{3j} m_{1j}$$

のようになることがわかるよね。

🧑 えーと……，そうですね。

🧑‍🏫 これと第3行目についての展開式

$$|M| = \Delta_{31} m_{31} + \Delta_{32} m_{32} + \Delta_{33} m_{33} = \sum_{j=1}^{3} \Delta_{3j} m_{3j}$$

を比べてみる。右辺の違いに注意しよう。違いは何かな？

🧑 3と1が違いますね。

🧑‍🏫 そう。正確には余因子Δと成分mの添え字がそろっているかいないかの違いがある。

🧑 はあ，確かに。

🧑‍🏫 一般にk行目のところをi行目で無理やり置きかえたような行列の行列式は値がゼロだ。2つの行が一致しているからね。ここではも

ちろん $i \neq k$ だよ。そして、その行列式を k 行目について展開すれば、

$$0 = \Delta_{i1}m_{k1} + \Delta_{i2}m_{k2} + \Delta_{i3}m_{k3} = \sum_{j=1}^{3} \Delta_{ij}m_{kj}$$

が得られることがわかるんだ[*1]。

🧑 複雑な式ですね。

👨 そうかなあ。すっきり書けていると思うんだけど。それで一方、置きかえをしていないもとの行列式の第 i 行についての展開式は、もちろん

$$|M| = \Delta_{i1}m_{i1} + \Delta_{i2}m_{i2} + \Delta_{i3}m_{i3} = \sum_{j=1}^{3} \Delta_{ij}m_{ij}$$

だ。これら2つの式はよく似ているだろう。

🧑 まあ、そうですね。

👨 だから、この2つの式を1つの書き方にまとめてしまおう。

🧑 えっ、そんなこと、できるんですか？

👨 ああ。そのためにはクロネッカーのデルタ記号が便利に使えるよ。

🧑 何ですか、それ？　また新しい記号ですか？

👨 まあ、そうだね。

$$\delta_{ik} = \begin{cases} 1 & (i=k) \\ 0 & (i \neq k) \end{cases}$$

というのを見たことないかな？

🧑 なんとなく見たような気もしますけど……。

👨 この記号を**クロネッカーのデルタ**というんだ[*2]。添え字の数字が一致したときだけ1になり、それ以外のときはすべて0という意味だ。これは、添え字の入れかえに対して対称、つまり $\delta_{ik} = \delta_{ki}$ であることは明らかだよね。

[*1] ここでは $i \neq k$ の例として $i=3$, $k=1$ の場合を考えたが、その他の場合もまったく同様に示せる。
[*2] この δ は小文字のデルタ。

3-2 行列式のしくみ

🧑 これが使えるんですか？

👨 そう。

$$|M|\delta_{ik} = \Delta_{i1}m_{k1} + \Delta_{i2}m_{k2} + \Delta_{i3}m_{k3} = \sum_{j=1}^{3}\Delta_{ij}m_{kj}$$

のように1つにまとめて書けるよね。

🧑 えーと……，よくわかりませんけど。

👨 つまり，$i=k$ のときに左辺は $|M|$，$i \neq k$ のとき左辺はゼロとなって，ちゃんと2つの場合を再現しているんだ。

🧑 はあ。

👨 それで，ここからようやく本題。これを使って，逆行列について考えてみよう。

🧑 えー，ここまでは準備だったんですか？

👨 まあそうなんだけど，ほとんど完成したようなものだよ。3×3行列の逆行列の公式を作ってみよう。

🧑 逆行列って，前にも求めませんでしたか？　どうして公式が必要なんですか？

👨 ようやくキミからまともな疑問を聞いたような気がするよ。確かに逆行列を求めるだけなら公式なんか必要じゃないんだ。以前のように「掃き出し」で求めてしまえばいいだけだからね。

🧑 そうですよね。

👨 でも，例えば成分に変数や数式を含むような行列の逆行列を「あらわ」に書きたいなんて場合があれば，そのときは逆行列の公式が活躍するはずだ。

🧑 そんな場合なんてあるんですか？

まあ，物理学や工学，あるいは経済学なんかで，理論的な考察をするときに出てくることが多いんやないかな。とにかく，公式を求めてみることにしよう。

今なまりました？　まあいいや。で，どうすればいいんですか？

その前にまず復習だ。正方行列Mの逆行列M^{-1}とは，
$$MM^{-1}=M^{-1}M=E$$
を満たすような正方行列のことだった。

Eは単位行列でしたよね。

そうだね。ところで，Eの(i, k)成分は，ここで出てきたクロネッカーのデルタを使ってδ_{ik}と書けるよ。

そうなんですか？

だって，Eは対角成分が全部1で，それ以外は全部0であるような行列だよね。3×3の単位行列なら，こんな形だ。
$$E=\begin{pmatrix} 1 & 0 & 0 \\ 0 & 1 & 0 \\ 0 & 0 & 1 \end{pmatrix}$$

そうですね。

対角成分というのは(i, i)成分だけど，定義から$\delta_{ii}=1$だ。それ以外の場合，つまり$i \neq k$のとき$\delta_{ik}=0$だけど，これは対角成分以外はすべて0であることを表している。だから，3×3単位行列Eの成分はδ_{ik}(i, k=1, 2, 3)と書けるんだ。

はあ……。

それを意識しながら，さっきの式
$$|M|\delta_{ik}=\sum_{j=1}^{3} \Delta_{ij} m_{kj}$$
を眺めると，左辺に単位行列があるのが見えてくるだろう？

δ_{ik}がありますね。

そして，もし $|M|\neq 0$ であれば，両辺を $|M|$ で割ることができて，

$$\delta_{ik}=\frac{1}{|M|}\sum_{j=1}^{3}\varDelta_{ij}m_{kj}$$

となる。

$|M|=0$ のときはどうなるんですか？

以前見たように，そのときは M に逆行列が存在しないんだ。だから，逆行列の公式なんてものはないよね。

確かにそうでした。

次に $\varDelta_{ij}$ について考えよう。これはもちろん「ある行列」$\varDelta$ の (i, j) 成分と考えていい。でも，後の都合上，これは「ある転置行列」${}^t\!\varDelta$ の (j, i) 成分と思うことにしよう。

なんかややこしいですね。

まあ，こういうところが線形代数のいやらしいところだね。でもしょうがないから先へ進もう。右辺の和の中で順序を入れかえれば，

$$\delta_{ik}=\frac{1}{|M|}\sum_{j=1}^{3}m_{kj}\varDelta_{ij}=\frac{1}{|M|}\sum_{j=1}^{3}m_{kj}{}^t\!\varDelta_{ji}$$

となるよ。

はあ。

さらに，左辺で $\delta_{ik}=\delta_{ki}$ を使い，右辺で $\frac{1}{|M|}$ を ${}^t\!\varDelta$ に「押し付け」れば，

$$\delta_{ki}=\sum_{j=1}^{3}m_{kj}\left(\frac{1}{|M|}{}^t\!\varDelta_{ji}\right)$$

がわかる。

もう付いていけそうもありません。

もうこれで完成だよ。この右辺は，成分 m_{kj} をもつ行列 M と，成分 $\frac{1}{|M|}{}^t\!\varDelta_{ji}$ をもつ行列の積の形になっている*。そして，左辺は単位行列を表しているよ。

＊2-1節コラム参照

🧑 ということは……。

👨‍🏫 そう。つまり，この余因子を使って書かれた複雑な成分をもつ行列が逆行列なんだ。その成分をきちんと書けば，

$$(M^{-1})_{ji} = \frac{1}{|M|} {}^t\Delta_{ji} = \frac{1}{|M|} \Delta_{ij}$$

ということだね。最後の等号では，添え字を入れかえて転置記号を外したよ*。

🧑 公式を覚えるだけで大変ですね。

👨‍🏫 さっき言ったように，この公式を使って実際に逆行列を求めることが重要なんじゃなくて，理論的な考察のために必要なものなんだ。だから，これを使う場面はそれほど多くないと思う。

🧑 じゃあ，覚えなくてもいいですか？

👨‍🏫 そうあからさまに聞かれると，いいとは断言できないけど，このような公式が「ある」のを知っていることが大切なんだ。

コラム　K先生の独り言「クラメルの公式」

前節のコラムで，行列式の行に関して成り立つことは列についても成り立つことに触れた。だから，行列式はもちろん列についても展開することができる。具体的に，3×3行列式の第j列に関する展開は

$$|M| = \Delta_{1j}m_{1j} + \Delta_{2j}m_{2j} + \Delta_{3j}m_{3j}$$

$$= \sum_{k=1}^{3} \Delta_{kj}m_{kj}$$

となるんだ。どの添え字についての和をとっているか，違いに注意し

---

*この公式は，行列式のサイズによらずに使える。例えば2×2行列の逆行列を求めてみると，

$$M = \begin{pmatrix} a & b \\ c & d \end{pmatrix} \Rightarrow M^{-1} = \frac{1}{|M|} \begin{pmatrix} \Delta_{11} & \Delta_{21} \\ \Delta_{12} & \Delta_{22} \end{pmatrix} = \frac{1}{ad-bc} \begin{pmatrix} d & -b \\ -c & a \end{pmatrix}$$

というよく知られた公式が得られる。

よう。

　さて，ここではこの展開式を使って，連立1次方程式の解の公式について考えてみよう。以前考えたように，連立1次方程式

$$\begin{pmatrix} m_{11} & m_{12} & m_{13} \\ m_{21} & m_{22} & m_{23} \\ m_{31} & m_{32} & m_{33} \end{pmatrix} \begin{pmatrix} x_1 \\ x_2 \\ x_3 \end{pmatrix} = \begin{pmatrix} a_1 \\ a_2 \\ a_3 \end{pmatrix}$$

は，ベクトルと行列を使って

$$M\boldsymbol{x} = \boldsymbol{a}$$

のように書くことができる。そして，この両辺に左側から逆行列M^{-1}を掛ければ，

$$M^{-1}M\boldsymbol{x} = M^{-1}\boldsymbol{a} \Leftrightarrow \boldsymbol{x} = M^{-1}\boldsymbol{a}$$

となることもすでに見た。そして，この節で紹介した逆行列の公式を使って，両辺の第j成分を比較すれば，

$$x_j = \sum_{k=1}^{3} (M^{-1})_{jk} a_k = \frac{1}{|M|} \sum_{k=1}^{3} \Delta_{kj} a_k$$

となることが確かめられるから，これで一応「連立1次方程式の解の公式」ができたことになる。この公式は「クラメルの公式」としてよく知られているんだ。

　ところで，この右辺の和をよく見ると，さっきの行列式の列に関する展開式によく似ているね。じっと眺めてみると，これは行列Mの成分m_{kj}をa_kで置きかえたものになっていることがすぐにわかる。ここで，m_{kj}はMの第j列の成分を表しているから，この右辺の和の意味は，「行列Mの第j列をベクトル$\boldsymbol{a}$の成分a_kで置きかえた行列の行列式を，第j列について展開した式」と考えることができる。これを具体的に書いてみると，

$$x_1 = \frac{1}{|M|} \begin{vmatrix} a_1 & m_{12} & m_{13} \\ a_2 & m_{22} & m_{23} \\ a_3 & m_{32} & m_{33} \end{vmatrix}, \quad x_2 = \frac{1}{|M|} \begin{vmatrix} m_{11} & a_1 & m_{13} \\ m_{21} & a_2 & m_{23} \\ m_{31} & a_3 & m_{33} \end{vmatrix}, \quad x_3 = \frac{1}{|M|} \begin{vmatrix} m_{11} & m_{12} & a_1 \\ m_{21} & m_{22} & a_2 \\ m_{31} & m_{32} & a_3 \end{vmatrix}$$

のようになる。見てわかるとおり，この公式を使って連立1次方程式を解くのは計算量が多くて大変だから，実際には以前解説した「掃き出し法」を用いることが多いんだ。

行列の積と行列式

👨‍🏫 じゃあ，ここからは少し話題を変えて，また2×2の行列式について考えよう。

🧑 今度は何ですか？

👨‍🏫 以前，2つの行列の積を考えたことがあったよね。

🧑 掛け算のことですよね。

👨‍🏫 そう。そのとき，

$$\begin{pmatrix} 1 & 2 \\ 3 & 1 \end{pmatrix} \begin{pmatrix} 1 & -1 \\ -4 & 2 \end{pmatrix} = \begin{pmatrix} -7 & 3 \\ -1 & -1 \end{pmatrix}$$

のような例が出てきたんだけど，覚えてるかな？

🧑 すいません，覚えてないです。

👨‍🏫 まあ，特に覚えてる必要はないんだけどね。

🧑 なんなんですか！

👨‍🏫 とにかく左辺の2つの行列の積は右辺の行列になるんだ。行列を文字で表せば，$AB=C$ということだね。

🧑 はあ。それで，ここから何をするんですか？

👨‍🏫 この左辺の2つの行列AとB，それからそれらの積である右辺の行列Cの行列式を計算してみよう。まず，いちばん左の行列Aについてはどうなるかな？

🧑 それくらいならできそうです。たすきがけだから

$$|A| = \begin{vmatrix} 1 & 2 \\ 3 & 1 \end{vmatrix} = 1 \times 1 - 2 \times 3 = 1 - 6 = -5$$

ですか？

👨‍🏫 そうだね。左辺の2番目の行列Bについては？

🧑 えーと，今度は
$$|B| = \begin{vmatrix} 1 & -1 \\ -4 & 2 \end{vmatrix} = 1\times 2 - (-1)\times(-4) = 2-4 = -2$$
ですよね。

👨‍🦳 おお!! 計算はだいぶできるようになってきたね。じゃあ，最後に右辺の行列Cはどうなる？

🧑 それも同じように，
$$|C| = \begin{vmatrix} -7 & 3 \\ -1 & -1 \end{vmatrix} = -7\times(-1) - 3\times(-1) = 7+3 = 10$$
です。

👨‍🦳 そうだね。これで材料は出そろったよ。

🧑 何の材料ですか？

👨‍🦳 今，君がやった計算の結果をみると，
$$|C| = |AB| = 10 = (-5)\times(-2) = |A||B|$$
となっていて，「行列の積」の行列式がもとの行列それぞれの行列式の積になってるよ。

🧑 本当ですね。

👨‍🦳 実はこの「行列の積の行列式は，それぞれの行列式の積」という性質
$$|AB| = |A||B|$$
は，どんな2×2行列の積についてもあてはまるんだ。

🧑 どういうことですか？

👨‍🦳 まあ，きちんと計算してみよう。

🧑 はあ。

👨‍🦳 まずは，右辺の$|A|$と$|B|$を計算してみよう。成分をそれぞれ，

$$A=\begin{pmatrix} a & b \\ c & d \end{pmatrix}, \quad B=\begin{pmatrix} e & f \\ g & h \end{pmatrix}$$

とおいてみればいいよね。

🧑 a とか b は何ですか？

👨 行列は任意の行列だから，成分の a や b ももちろん任意の数だ。これを使えば，

$$|A|=\begin{vmatrix} a & b \\ c & d \end{vmatrix}=ad-bc, \quad |B|=\begin{vmatrix} e & f \\ g & h \end{vmatrix}=eh-fg$$

となるよね。

🧑 たすきがけですね。

👨 そう。だから，これらの積は

$$|A||B|=(ad-bc)(eh-fg)$$

となるよ。

🧑 そうですね。

👨 一方，2つの行列の積は，

$$AB=\begin{pmatrix} a & b \\ c & d \end{pmatrix}\begin{pmatrix} e & f \\ g & h \end{pmatrix}=\begin{pmatrix} ae+bg & af+bh \\ ce+dg & cf+dh \end{pmatrix}$$

となることも確かめられるよね。

🧑 はあ。それで，何を調べるんでしたっけ？

👨 この積の行列式 $|AB|$ が $|A||B|$ と等しいってことだね。実際，

$$\begin{aligned}
|AB|&=\begin{vmatrix} ae+bg & af+bh \\ ce+dg & cf+dh \end{vmatrix}=(ae+bg)(cf+dh)-(af+bh)(ce+dg)\\
&=ae(cf+dh)+bg(cf+dh)-af(ce+dg)-bh(ce+dg)\\
&=aecf+aedh+bgcf+bgdh-afce-afdg-bhce-bhdg\\
&=aedh+bgcf-afdg-bhce\\
&=adeh+bcfg-adfg-bceh\\
&=ad(eh-fg)-bc(eh-fg)\\
&=(ad-bc)(eh-fg)
\end{aligned}$$

となって，$|A||B|$と一致するよ。

大変な計算ですね。

そうでもないよ。掛け算と足し算・引き算の繰り返しだからね。

はあ。

そして，この「行列の積の行列式は，それぞれの行列式の積」という性質は，2×2の行列だけじゃなくて，3×3や，あるいはもっと大きなサイズの行列式についても成り立つ重要な性質なんだ。

そうなんですか……。でも，もう頭がパンパンです。

じゃあ，この話は終わりにして，続きはまた今度。

コラム　K先生の独り言「$n×n$の行列式」

　ここまで，2×2と3×3行列の行列式を考えてきたけど，それはある正方行列の各行（または各列）が独立なベクトルになっているかどうかを判定する道具だったよね。ここでいうベクトルとは，行列式が2×2の場合には2次元平面に住んでいる2本のベクトル，3×3の場合には3次元空間に住む3本のベクトルだった。

　ところで，実際に線形代数を応用する場面では，もっと大きな空間，つまり4次元以上の抽象的な空間に住むベクトルを考えることが多い。このような場合には，n次元空間に住むn本のベクトルの独立性を判定する道具が必要になる。ここまでのA君との話から推察すれば，それは$n×n$行列の行列式ということになるけど，その定義式はどの線形代数の教科書にも書いてあるとおり，

$$|M| = \sum_{すべての\sigma}^{N} \text{sgn}\,\sigma\, m_{1\sigma(1)} m_{2\sigma(2)} \cdots m_{n\sigma(n)}$$

のようなものだ。ここでは，この定義式の意味を説明してみよう。まず，「すべてのσについての和」というのがあるけど，これは1から

n までの数字を順番に並べたときの，並べかえの種類の数だけ足し算をするという意味だ。わかりにくいかもしれないから，$n=3$ の場合について例示してみよう。上の段に，並べかえ前の 1，2，3 を書き，下の段に並べかえ後の数字を書くことにすれば，

$$\begin{bmatrix} 1 & 2 & 3 \\ 1 & 2 & 3 \end{bmatrix}, \begin{bmatrix} 1 & 2 & 3 \\ 1 & 3 & 2 \end{bmatrix}, \begin{bmatrix} 1 & 2 & 3 \\ 2 & 1 & 3 \end{bmatrix},$$
$$\begin{bmatrix} 1 & 2 & 3 \\ 2 & 3 & 1 \end{bmatrix}, \begin{bmatrix} 1 & 2 & 3 \\ 3 & 1 & 2 \end{bmatrix}, \begin{bmatrix} 1 & 2 & 3 \\ 3 & 2 & 1 \end{bmatrix}$$

の6種類だけしかないことが，少し考えればわかるはずだ。いちばん左上のものは，順番をまったくいじっていないけど，これも仲間に入れておく必要がある。このように，1 から n までの数の並べかえを具体的に書いたものを

$$\sigma = \begin{bmatrix} 1 & \cdots & j & \cdots & n \\ \sigma(1) & \cdots & \sigma(j) & \cdots & \sigma(n) \end{bmatrix}$$

のように書くことにしよう。下段にある $\sigma(j)$ は j 番目の数字がどの数字に置きかわっているかを表している。この σ を n 文字の「置換」と呼ぶんだ。次に $\text{sgn}\,\sigma$ だけど，これは $+1$ か -1 の値をとるただの数で，符号が $+$ になるか $-$ になるかは，それぞれの置換 σ によって決まるんだ。それを決める規則は，ある σ が文字の入れかえを偶数回したものならば $+$，奇数回したものならば $-$ というものだ。例えば，

$$\sigma = \begin{bmatrix} 1 & 2 & 3 \\ 1 & 2 & 3 \end{bmatrix}$$

ならば，文字の入れかえをまったく含まないので 0 回の入れかえということになり，これは偶数だから $+$，一方

$$\sigma = \begin{bmatrix} 1 & 2 & 3 \\ 2 & 1 & 3 \end{bmatrix}$$

ならば，1 と 2 を 1 回入れかえているので $-$，ということになる[*]。以上の「置換」を用いて，行列 M の $(j, \sigma(j))$ 成分 $m_{j\sigma(j)}$ を定義式どお

---

[*] ある置換に対して，入れかえの方法がただ1つに決まるとは限らない。例えば，$\begin{bmatrix} 1 & 2 & 3 \\ 2 & 3 & 1 \end{bmatrix}$ のような置換では，まず 1 と 2 を入れかえてから 3 と 1 を入れかえる方法と，最初に 1 と 3 を入れかえてから 2 と 3 を入れかえる方法がある。ただし，置換の回数の偶奇性はどのような方法で入れかえをしても変わらない。つまり，1 回の入れかえで作れる置換を 2 回の入れかえで作ることは決してできない。

りに掛け算し，さらにすべての置換について和をとったものが$n×n$の行列式なんだ。ちょっと複雑な定義式だけど，実際この定義式から，前節で出てきた2×2と3×3行列式が得られることが確かめられるはずだ。

この行列式の定義を使えば，「行列の積の行列式は，それぞれの行列式の積」であることが，$n×n$行列の場合についても示すことができる。証明は，より詳しい線形代数の教科書を参照してほしい。

まとめ

・行列式は，各行（あるいは各列）について展開できる。
・逆行列を明示的に求める公式がある。
・正方行列の積の行列式は，それぞれの行列式の積になる。

3章の宿題

[1] 連立1次方程式

$$\begin{cases} x+2y+3z=1 \\ x+3y+4z=2 \\ 2x+y+2z=-3 \end{cases}$$

の解 (x, y, z) を,
(1) ガウスの消去法を用いて求めなさい。
(2) 逆行列を用いて求めなさい。
(3) クラメルの公式を用いて求めなさい。

[2] 本文中では, 3×3の行列式 $\begin{vmatrix} m_{11} & m_{12} & m_{13} \\ m_{21} & m_{22} & m_{23} \\ m_{31} & m_{32} & m_{33} \end{vmatrix}$ を「行」で展開することで, 例えば

$$\begin{vmatrix} m_{11} & m_{12} & m_{13} \\ m_{21} & m_{22} & m_{23} \\ m_{31} & m_{32} & m_{33} \end{vmatrix} = (m_{12}m_{23}-m_{13}m_{22})m_{31} + (m_{13}m_{21}-m_{11}m_{23})m_{32} \\ + (m_{11}m_{22}-m_{12}m_{21})m_{33}$$

を得ることが説明されています。それでは,「列」で展開しても同じ式を得ることを確かめなさい。

3 3次元空間ベクトルAおよびBを，正規直交基底を用いて，
$$A=a_1e_1+a_2e_2+a_3e_3, \quad B=b_1e_1+b_2e_2+b_3e_3$$
と書くことにします。このとき，
$$\begin{vmatrix} e_1 & e_2 & e_3 \\ a_1 & a_2 & a_3 \\ b_1 & b_2 & b_3 \end{vmatrix}$$
を3×3の行列式だと思うと，外積$A \times B$と等しくなることを確かめなさい。

第4章
行列の特性を引き出す

この章で学ぶこと
- 固有値と固有ベクトル
- 固有値の意味
- 行列の対角化

4-1 固有値と固有ベクトル

今回は，行列の固有値と固有ベクトルについて考えよう。

もう行列はお腹いっぱいですよ。特にその辺は全然わからないところなんです。

まあ，そう言うなって。このあたりの知識が線形代数を現実の問題に適用するときの基礎になるんだ。

そうなんですか？ だいたい「固有」ってどういう意味ですか？

それをこれからゆっくり説明しようと思ってるんだ。

● 特別な方向

😀 やはり2次元の場合から考えよう。あるベクトル

$$\begin{pmatrix} u \\ v \end{pmatrix}$$

に左から2×2行列を掛けると、何ができるんだっけ？

🙂 えーと……。

😀 連立1次方程式のことを思い出せばいいよね。

🙂 じゃあ、

$$\begin{pmatrix} a & b \\ c & d \end{pmatrix} \begin{pmatrix} u \\ v \end{pmatrix}$$

みたいなものってことですか？

😀 そうそう。この掛け算をすると、結果はやはり2次元のベクトルになるよね。

🙂 ああ、そうか。で、それがどうかしましたか？

😀 ここでは行列を掛ける前と後で、ベクトルがどう変化するかを考えてみたいんだ。

🙂 変化って？

😀 例えば、行列

$$A = \begin{pmatrix} 1 & 4 \\ 3 & 2 \end{pmatrix}$$

を、ベクトル

$$\begin{pmatrix} 1 \\ 0 \end{pmatrix}$$

に掛けてごらん。

🙂 えーと、

$$\begin{pmatrix} 1 & 4 \\ 3 & 2 \end{pmatrix} \begin{pmatrix} 1 \\ 0 \end{pmatrix} = \begin{pmatrix} 1 \\ 3 \end{pmatrix}$$

ですか？

第4章 行列の特性を引き出す

4-1 固有値と固有ベクトル

🧑‍🦳 そうだね。図にすると,

$\begin{pmatrix} 1 \\ 3 \end{pmatrix}$ 行列を掛けた後

$\begin{pmatrix} 1 \\ 0 \end{pmatrix}$ 行列を掛ける前

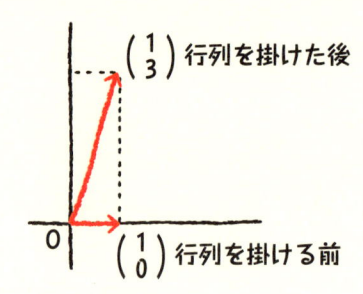

のようになって,行列を掛ける前と後でベクトルは方向と長さを変えることがわかる。

🧑 確かにそうですね。でも,そんなの当たり前じゃないんですか？

🧑‍🦳 まあそうなんだ。何でもいいから適当なベクトルを選んで,それに行列を掛ければ,掛けた後のベクトルの方向と長さは一般に,もとのベクトルとは異なる。だけど,もとのベクトルとして,例えば

$$\begin{pmatrix} 1 \\ 1 \end{pmatrix}$$

を選ぶとどうなる？

🧑 えーと,

$$\begin{pmatrix} 1 & 4 \\ 3 & 2 \end{pmatrix} \begin{pmatrix} 1 \\ 1 \end{pmatrix} = \begin{pmatrix} 5 \\ 5 \end{pmatrix} = 5 \begin{pmatrix} 1 \\ 1 \end{pmatrix}$$

です。

🧑‍🦳 そうだね。これも同様に図示すると,

$\begin{pmatrix} 5 \\ 5 \end{pmatrix}$ 行列を掛けた後

$\begin{pmatrix} 1 \\ 1 \end{pmatrix}$ 行列を掛ける前

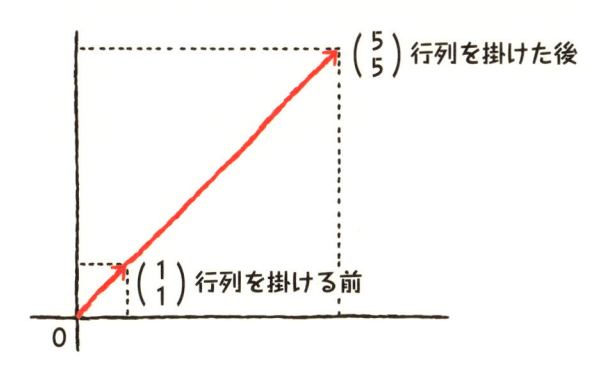

となる。さっきとは違うよね。

👤 行列を掛けた後も，もとのベクトルと方向が同じになりました。こんなこともあるんですね。

👤 そうなんだ。こんなふうに方向を変えず，長さだけが変わるようなベクトルもあるんだ。でも，別の行列をこのベクトルに掛けたときには，例えば

$$\begin{pmatrix} 1 & 3 \\ -1 & 2 \end{pmatrix} \begin{pmatrix} 1 \\ 1 \end{pmatrix} = \begin{pmatrix} 4 \\ 1 \end{pmatrix}$$

のように方向が変わる。

👤 そうですね。

👤 ちょっと試してみるとわかるけど，適当に作った行列をこのベクトルに掛ければ，一般に方向も長さも変わっちゃうんだよ。つまり，

$$\begin{pmatrix} 1 \\ 1 \end{pmatrix}$$

というベクトルは，

$$A = \begin{pmatrix} 1 & 4 \\ 3 & 2 \end{pmatrix}$$

という特定の行列に対して，特別な反応を示すということがわかる。

👤 はあ。反応って……。

👤 そんな理由で，この「特別な方向」を向いたベクトルを，行列

$$A = \begin{pmatrix} 1 & 4 \\ 3 & 2 \end{pmatrix}$$

の**固有ベクトル**というんだ。

🧑 そういうことですか。

👨 それからもう1つ。今考えている行列は，固有ベクトルに掛けたとき，それを5倍の長さに引きのばしていたよね。

🧑 そうでした。

👨 この5をこの行列の**固有値**というんだ。もっと正確には，ベクトル

$$\begin{pmatrix} 1 \\ 1 \end{pmatrix}$$

は固有値5に対応した固有ベクトルだ，という言い方をするよ。

🧑 そういえば，そんなことを講義中に聞きました。

● 固有値を求める

👨 じゃあ今度は，行列が与えられたときに，その「固有値」を求める方法を見ていこう。

🧑 固有ベクトルはどうするんですか？

👨 まずは「固有値」，そしてそれに対応する「固有ベクトル」という順番で求まっていくんだ。だから，まず固有値。

🧑 わかりました。

👨 最初はせっかくだから，さっきから考えている行列の固有値を求めてみようか。

🧑 5ですか？

そうだね。少なくとも固有値5が求まれば成功だ。

少なくともって，どういう意味ですか？

まあ，やってみればわかるよ。まずは行列，
$$A = \begin{pmatrix} 1 & 4 \\ 3 & 2 \end{pmatrix}$$
の固有値をλとおいて*，このλが満たすべき式を書いてみよう。

突然言われても……，どうすればいいんですか？

またすぐにあきらめる……。対応する固有ベクトルを
$$\begin{pmatrix} x \\ y \end{pmatrix}$$
と書くことにすれば，上の行列はこのベクトルの方向を変えないでλ倍するだけだよね。

えーと……，やっぱり無理です。

しょうがないなあ。固有ベクトルに行列を掛けてやるんだから，
$$\begin{pmatrix} 1 & 4 \\ 3 & 2 \end{pmatrix} \begin{pmatrix} x \\ y \end{pmatrix} = \lambda \begin{pmatrix} x \\ y \end{pmatrix}$$
でいいだろう？

なんだ，これだけですか。で，これをどうするんですか？

突然強気になるんだなあ。最初の目標は，λを求めることだったよね。

そうでした。

そのためにこの式をちょっとだけ変形して，λを求められる形にするんだ。まず，単位行列を用いて，右辺を次のように書きなおそう。
$$\begin{pmatrix} 1 & 4 \\ 3 & 2 \end{pmatrix} \begin{pmatrix} x \\ y \end{pmatrix} = \lambda \begin{pmatrix} x \\ y \end{pmatrix} = \lambda \begin{pmatrix} 1 & 0 \\ 0 & 1 \end{pmatrix} \begin{pmatrix} x \\ y \end{pmatrix}$$

---

*λは「ラムダ」と読む。ギリシャ文字の1つ。

🧑 ただ単位行列をはさんだだけですか？

👨 そうなんだけど，これが重要なんだ．次にこの右辺を左辺に移項すると，
$$\begin{pmatrix} 1 & 4 \\ 3 & 2 \end{pmatrix} \begin{pmatrix} x \\ y \end{pmatrix} - \lambda \begin{pmatrix} 1 & 0 \\ 0 & 1 \end{pmatrix} \begin{pmatrix} x \\ y \end{pmatrix} = \begin{pmatrix} 0 \\ 0 \end{pmatrix}$$
$$\Leftrightarrow \begin{pmatrix} 1-\lambda & 4 \\ 3 & 2-\lambda \end{pmatrix} \begin{pmatrix} x \\ y \end{pmatrix} = \begin{pmatrix} 0 \\ 0 \end{pmatrix}$$
となるよね．

🧑 最後は何をしたんですか？

👨 固有ベクトルの前に掛かっている行列を，1つにまとめたんだ．

🧑 ここからはどうするんですか？

👨 この式を，x, y についての連立1次方程式と思ってみよう．

🧑 はあ．でも，右辺が全部0ですよ．

👨 そうだよね．だから，この方程式には
$$\begin{pmatrix} x \\ y \end{pmatrix} = \begin{pmatrix} 0 \\ 0 \end{pmatrix}$$
という「自明な」解が必ずあるよ．

🧑 自明な解って，N先生もよく言ってますけど，どういう意味ですか？

👨 すぐに見つかっちゃうような「当たり前の解」のことだね．今の場合，ゼロベクトルは固有ベクトルにはなり得ないから，自明でない解を探す必要があるよね．

🧑 そういうことですか．でも，どうやって探せばいいんですか？

👨 以前，逆行列と連立1次方程式の関係を調べたことがあったよね*．

🧑 はい．

---

* 2-4節参照

今考えている「連立1次方程式」は

$$M\begin{pmatrix}x\\y\end{pmatrix}=\begin{pmatrix}0\\0\end{pmatrix}$$

のような形をしている。M はもちろん2×2の行列だよ。これが自明でない解をもつ条件は何だろう？

……。

思い出せないかなあ。もし，M に逆行列があったとしたら，それを両辺に左から掛けて，

$$M^{-1}M\begin{pmatrix}x\\y\end{pmatrix}=M^{-1}\begin{pmatrix}0\\0\end{pmatrix}$$
$$\Leftrightarrow\begin{pmatrix}1&0\\0&1\end{pmatrix}\begin{pmatrix}x\\y\end{pmatrix}=\begin{pmatrix}0\\0\end{pmatrix}$$
$$\Leftrightarrow\begin{pmatrix}x\\y\end{pmatrix}=\begin{pmatrix}0\\0\end{pmatrix}$$

となって，あり得るのは自明な解だけだよね。

これじゃあ答えが見つからないじゃないですか。

だから，これは逆行列 M^{-1} があったとしたらの話なんだよ。こうならないためには，M に逆行列があってはならないんだ。つまり，自明でない解があるためには，M が非正則行列である必要があるんだ。

また難しい言葉を使って……。

固有値は1つじゃない

行列が非正則である条件は覚えてるよね？

確か，行列式の値が0？

その通り。今の場合，

$$M=A-\lambda E=\begin{pmatrix}1-\lambda&4\\3&2-\lambda\end{pmatrix}$$

4-1 固有値と固有ベクトル

だから，$|M|=0$ ならば自明でない固有ベクトルがある可能性がある。$|M|=0$ の式を書いてみよう。

🧑 えーと，たすきがけでいいですか？

👨 そうだね。

🧑 じゃあ，
$$|M|=(1-\lambda)\times(2-\lambda)-4\times3=0$$
ですか？

👨 その通り。これは，固有値 λ に関する2次方程式だ[*]。少し整理すると，
$$(1-\lambda)(2-\lambda)-4\cdot3=0 \Leftrightarrow \lambda^2-3\lambda-10=0$$
となるから，これを解けばいいんだ。

🧑 解の公式ですね。

👨 まあそれでもいいけど，これは簡単に因数分解できて，
$$\lambda^2-3\lambda-10=(\lambda-5)(\lambda+2)=0$$
となるから，予想通り $\lambda=5$ を解にもつことがすぐにわかるよね。

🧑 本当ですね。じゃあ，次は固有ベクトルを求めるんですか？

👨 それでもいいんだけど。ちょっと考えておくことがあるよ。

🧑 何ですか？

👨 この2次方程式を見て何か気づかないかなあ。

🧑 えーと，何だろう……？

👨 ……。2次方程式だから，一般に解は2つあるはずだよね。

🧑 ああ，そうか。$\lambda=-2$ も解になってますね。これは何ですか？

---

[*] これを行列 $\begin{pmatrix} 1 & 4 \\ 3 & 2 \end{pmatrix}$ の「特性方程式」，あるいは「固有方程式」という。

これも，もちろん固有値。つまり，この行列の固有値は5と−2の2つあるんだ。

2つあるって，どういうことですか？

この

$$A = \begin{pmatrix} 1 & 4 \\ 3 & 2 \end{pmatrix}$$

という2×2行列には，固有値が2つあって，そのそれぞれに対応した固有ベクトルがあるってことなんだ。つまり，固有ベクトルもさっきの

$$\begin{pmatrix} 1 \\ 1 \end{pmatrix}$$

のほかに，もう1つあるってことだね。

そうなんですか？ それはどうすれば求まるんですか？

固有ベクトルを求める

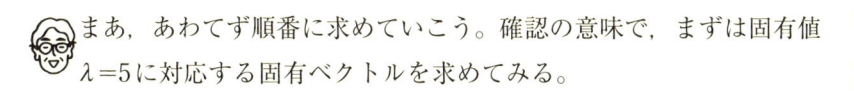

まあ，あわてず順番に求めていこう。確認の意味で，まずは固有値 $\lambda = 5$ に対応する固有ベクトルを求めてみる。

それは

$$\begin{pmatrix} 1 \\ 1 \end{pmatrix}$$

ですよね。

そうだね。それは，固有値と固有ベクトルの満たすべき式，

$$\begin{pmatrix} 1-\lambda & 4 \\ 3 & 2-\lambda \end{pmatrix} \begin{pmatrix} x \\ y \end{pmatrix} = \begin{pmatrix} 0 \\ 0 \end{pmatrix}$$

に，$\lambda = 5$ を代入すれば求まるんだ。さっそく代入してみよう。

えーと，

$$\begin{pmatrix} 1-5 & 4 \\ 3 & 2-5 \end{pmatrix} \begin{pmatrix} x \\ y \end{pmatrix} = \begin{pmatrix} -4 & 4 \\ 3 & -3 \end{pmatrix} \begin{pmatrix} x \\ y \end{pmatrix} = \begin{pmatrix} 0 \\ 0 \end{pmatrix}$$

ですか？

🧑‍🦳 そうだね。固有ベクトルの成分は，この連立1次方程式を満たすxとyで与えられるんだ。具体的に書けば

$$\begin{cases} -4x+4y=0 \\ 3x-3y=0 \end{cases} \Leftrightarrow -x+y=0 \Leftrightarrow x=y$$

だね。

🧑 式はこれ1つだけなんですか？

🧑‍🦳 そう。固有値を求めるときの条件は，「固有ベクトルの前に掛かる行列の行列式が0になる」というものだったよね。以前見たように，このような場合には連立方程式の解が1つには決まらないんだ。だから，固有ベクトルの成分は$x=y$というただ1つの関係式だけを満たすものなら何でもいい，ということなんだね。

🧑 はあ。だから，$x=y=1$は固有ベクトルなんですね。

🧑‍🦳 そういうこと。そして，もちろん$x=y$を満たすベクトルはこれだけじゃなくて，

$$\begin{pmatrix} x \\ y \end{pmatrix} = \begin{pmatrix} 1 \\ 1 \end{pmatrix}$$

の方向を向いたすべてのベクトルは，この行列の固有ベクトルなんだ。このベクトルを何倍しても$x=y$という条件は満たされるからね。

🧑 じゃあ，固有ベクトルってきちんと求まらないんですか？

🧑‍🦳 というよりも，ある固有値に対応した「固有の方向」が決まるっていうことだね。もし固有ベクトルをただ1つに定めたかったら，例えば長さを1にするとか，余分な条件を付ける必要がある*。

🧑 はあ。

🧑‍🦳 じゃあ，次に固有値$\lambda=-2$に対応した固有ベクトルを求めてみよう。さっきと同じ式に$\lambda=-2$を代入してみよう。

---

* ベクトルの長さを1(単位ベクトル)にすることを，「正規化する」または「規格化する」という。

🧑 えーと，
$$\begin{pmatrix} 1-(-2) & 4 \\ 3 & 2-(-2) \end{pmatrix} \begin{pmatrix} x \\ y \end{pmatrix} = \begin{pmatrix} 3 & 4 \\ 3 & 4 \end{pmatrix} \begin{pmatrix} x \\ y \end{pmatrix} = \begin{pmatrix} 0 \\ 0 \end{pmatrix}$$
です。

👨 そうだね。だから今度は$3x+4y=0$の関係を満たす「方向」を向いたベクトルが，固有ベクトルだ。

🧑 えーと，どんな方向ですか？

👨 例えば，$x=4, y=-3$と選べばいいから，これを図示すると，

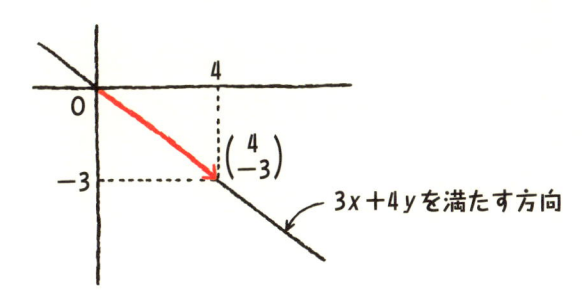

のように方向が決まる。固有値-2に対応した固有ベクトルは，この方向を向いたすべてのベクトルなんだね。

固有値の意味

👨 今わかったように，固有値-2に対応する固有ベクトルは，
$$\begin{pmatrix} 4 \\ -3 \end{pmatrix}$$
の方向を向いたすべてのベクトルだ。

🧑 そうでしたね。

👨 だから，行列

4-1 固有値と固有ベクトル

$$\begin{pmatrix} 1 & 4 \\ 3 & 2 \end{pmatrix}$$

をこのベクトルに掛ければ，方向は変わらないはずだね。

🧑 はあ。そうですね。

👨 試しにやってごらん。

🧑 えーと，
$$\begin{pmatrix} 1 & 4 \\ 3 & 2 \end{pmatrix} \begin{pmatrix} 4 \\ -3 \end{pmatrix} = \begin{pmatrix} 1 \times 4 + 4 \times (-3) \\ 3 \times 4 + 2 \times (-3) \end{pmatrix} = \begin{pmatrix} -8 \\ 6 \end{pmatrix}$$

ですね。

👨 そうだね。だから，このベクトルの方向を図示すると，

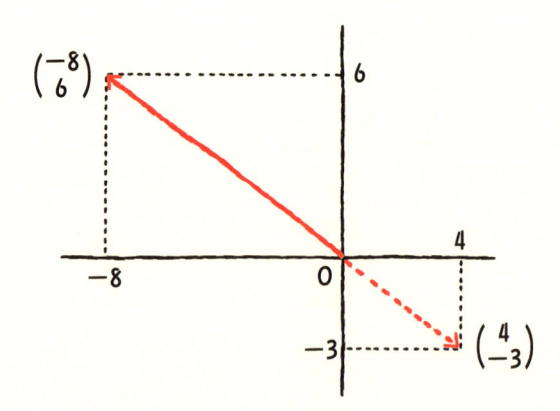

となるよ。

🧑 あれ？ 逆向きになっちゃいましたよ。

👨 それは当然で，固有値が -2 と負の値なんだから，もとのベクトルに対して逆向きで，長さ2倍のベクトルになるはずだよね。実際，
$$\begin{pmatrix} -8 \\ 6 \end{pmatrix} = -2 \begin{pmatrix} 4 \\ -3 \end{pmatrix}$$

となっているよ。

🧑 ああ，そうか。

こんなふうに，固有ベクトルは方向を変えないとはいっても，固有値が負の場合には逆向きになる。でも，もとのベクトルと同じ直線上に乗っていることに変わりはないから，これからはそういう場合も含めて「方向は変わらない」ということにしよう。

はあ。結局，固有値と固有ベクトルって何なんですか？

それじゃあ，ここまででわかったことをまとめてみるよ。それで，少しはわかると思う。行列

$$\begin{pmatrix} 1 & 4 \\ 3 & 2 \end{pmatrix}$$

の固有値は5と-2の2つあって，それぞれ対応する固有ベクトルは

$$\begin{pmatrix} 1 \\ 1 \end{pmatrix}, \begin{pmatrix} 4 \\ -3 \end{pmatrix}$$

の方向を向いたすべてのベクトルだ。

そうでしたね。

この行列を$\begin{pmatrix} 1 \\ 1 \end{pmatrix}$方向を向いた任意のベクトル$v_5$に掛ければ，そのベクトルは5倍される。つまり

$$Av_5 = 5v_5$$

となる。一方，$\begin{pmatrix} 4 \\ -3 \end{pmatrix}$方向を向いた任意のベクトル$v_{-2}$に掛ければ，そのベクトルは$-2$倍される。つまり

$$Av_{-2} = -2v_{-2}$$

のように，長さは2倍され，向きが逆転するんだ。

確かにそうでした。

このように，それぞれの行列に「固有の特別な方向」を指定するベクトルが「固有ベクトル」で，その行列がそれを何倍するかという「特定の値」が「固有値」ということなんだね。

コラム　K先生の独り言「固有方程式の解」

　ここまで，2×2行列の固有値，固有ベクトルについて考えてきた。A君と一緒に見てきたように，行列

$$A = \begin{pmatrix} 1 & 4 \\ 3 & 2 \end{pmatrix}$$

の固有値を求めるためには，固有方程式$|A-\lambda E|=0$を解く必要があったけど，これはλについての2次方程式$\lambda^2-3\lambda-10=0$だった。そして，これを解くことにより2つの固有値$\lambda=5, -2$が得られた。でも，よく知られているように，2次方程式は必ずしも実数解をもつとは限らない。例えば，行列

$$B = \begin{pmatrix} 1 & 1 \\ -1 & 1 \end{pmatrix}$$

の固有値を求めてみよう。同様の計算で

$$|B-\lambda E| = \begin{vmatrix} 1-\lambda & 1 \\ -1 & 1-\lambda \end{vmatrix} = 0$$

だから，固有方程式は$(1-\lambda)^2+1=\lambda^2-2\lambda+2=0$となり，判別式は$D=(-2)^2-4\cdot1\cdot2=-4$なので，この2次方程式は実数解をもたないことがわかる。実際に固有値を求めてみると，

$$\lambda = \frac{1}{2}(2\pm\sqrt{D}) = 1\pm i$$

となり，固有値は$1+i$と$1-i$になり，2つとも複素数だ。この場合の固有ベクトルvの成分を求めてみよう。$\lambda=1+i$の場合，

$$(B-\lambda E)v = \begin{pmatrix} 1-(1+i) & 1 \\ -1 & 1-(1+i) \end{pmatrix}\begin{pmatrix} x \\ y \end{pmatrix} = \begin{pmatrix} -i & 1 \\ -1 & -i \end{pmatrix}\begin{pmatrix} x \\ y \end{pmatrix} = \begin{pmatrix} 0 \\ 0 \end{pmatrix}$$

となるので，固有ベクトルの成分は$-ix+y=0$という関係式を満たすことがわかる。これを満たすようなベクトルは，例えば

$$\begin{pmatrix} x \\ y \end{pmatrix} = \begin{pmatrix} 1 \\ i \end{pmatrix}$$

とすればよい。同様にして，$\lambda=1-i$の場合の固有ベクトルとしては

$$\begin{pmatrix} x \\ y \end{pmatrix} = \begin{pmatrix} 1 \\ -i \end{pmatrix}$$

のようなものがとれる。このように，固有値が複素数であるような場

合には，一般に固有ベクトルの成分も複素数になってしまうんだ。だからこのときには，本文で見たような xy 平面上の「特別な方向」というものを図示することはできない。それでも，それぞれの固有値と固有ベクトルの関係 $Bv=\lambda v$ は，複素数を成分にもつベクトルの世界で，相変わらず成り立っているんだ。

　固有方程式について，もう少し考えてみよう。行列 B の固有値は複素数だったけど，これは固有方程式の判別式が負の値をとったからだ。では，もし判別式の値が 0 で，重解が発生する場合はどうなるだろうか。これを見るために，とても簡単な行列

$$\begin{pmatrix} 3 & 0 \\ 0 & 3 \end{pmatrix}$$

の固有値，固有ベクトルを求めてみよう。固有方程式は，

$$\begin{vmatrix} 3-\lambda & 0 \\ 0 & 3-\lambda \end{vmatrix}=0 \iff (\lambda-3)^2=0$$

となり，固有値はただ1つの重解 $\lambda=3$ となる。この場合の固有ベクトルの成分は，方程式

$$\begin{pmatrix} 3-\lambda & 0 \\ 0 & 3-\lambda \end{pmatrix}\begin{pmatrix} x \\ y \end{pmatrix}=\begin{pmatrix} 0 & 0 \\ 0 & 0 \end{pmatrix}\begin{pmatrix} x \\ y \end{pmatrix}=\begin{pmatrix} 0 \\ 0 \end{pmatrix}$$

を満たすが，これは x と y が任意であることを意味しているから，これは2次元のベクトルならば，どんなものでも固有ベクトルになることを示している。

　次に，行列

$$C=\begin{pmatrix} 1 & -1 \\ 1 & 3 \end{pmatrix}$$

の固有値，固有ベクトルを求めてみることにしよう。固有方程式は，

$$|C-\lambda E|=\begin{vmatrix} 1-\lambda & -1 \\ 1 & 3-\lambda \end{vmatrix}=0$$

となるから，λ についての2次方程式は，

$$(1-\lambda)(3-\lambda)+1=\lambda^2-4\lambda+4=(\lambda-2)^2=0$$

となって，重解 $\lambda=2$ が発生する。この場合の固有ベクトルを求めてみよう。

$$\begin{pmatrix} 1-\lambda & -1 \\ 1 & 3-\lambda \end{pmatrix} \begin{pmatrix} x \\ y \end{pmatrix} = \begin{pmatrix} -1 & -1 \\ 1 & 1 \end{pmatrix} \begin{pmatrix} x \\ y \end{pmatrix} = \begin{pmatrix} 0 \\ 0 \end{pmatrix}$$

のようになるから，固有ベクトルの成分は $x+y=0$ という関係を満たす。このようなものとして，例えば

$$\begin{pmatrix} 1 \\ -1 \end{pmatrix}$$

のようなものがとれる。ひとつ前の例とは違って，今度は固有ベクトルの方向がただ1つに決まってしまっている。固有方程式が重解をもつ場合には，このように2つのパターンがあるんだ。

まとめ

●固有値と固有ベクトル

行列 A の固有値は，方程式

$$|A-\lambda E|=0 \text{ (固有方程式)}$$

の解 λ である。それぞれの固有値に対して固有ベクトル v の方向が定まり，

$$Av=\lambda v$$

のように，行列 A は固有ベクトルの方向を向いたベクトルを λ 倍する。

4-2 対角化とは

😊 固有値と固有ベクトルが求まれば，あとは対角化の話だね。

🙂 N先生の講義でもそうでした。でも，結局何をやってるのか全然わからなかったんです。

😊 まあ，ゆっくり解説するよ。この辺の話は，物理学やその他の分野とも，特に密接に関係しているんだ。

🙂 そういえば，物理のT先生も時間に対角化がどうこうってよく言ってます。

😊 そうだろう。それじゃあ，まずはさっき出てきた2×2行列の対角化から始めようか。

● 2×2行列の対角化

😊 行列

$$A = \begin{pmatrix} 1 & 4 \\ 3 & 2 \end{pmatrix}$$

の固有値と固有ベクトルの関係をもう一度思い出そう。

🙂 えーと，確か固有値は5と−2で，対応する固有ベクトルは……

😊 固有ベクトルはそれぞれの方向だけが決まるんだったよね。だから，固有値5に対応する固有ベクトルを1つ選べば，それらの関係式は例えば

$$\begin{pmatrix} 1 & 4 \\ 3 & 2 \end{pmatrix} \begin{pmatrix} 1 \\ 1 \end{pmatrix} = 5 \begin{pmatrix} 1 \\ 1 \end{pmatrix}$$

のようになる。

🧑 もう1つはどうなりますか？

👨 固有値 -2 と対応する固有ベクトルの関係も同様に，

$$\begin{pmatrix} 1 & 4 \\ 3 & 2 \end{pmatrix} \begin{pmatrix} 4 \\ -3 \end{pmatrix} = -2 \begin{pmatrix} 4 \\ -3 \end{pmatrix}$$

となるよ。

🧑 思い出しました。これをどうするんですか？

👨 まず，これら2つの関係式を，1つの式にまとめてしまおう。

🧑 えっ!! そんなこと，できるんですか？

👨 行列の積をうまく利用すればいいんだ。2つの固有ベクトル $\begin{pmatrix} 1 \\ 1 \end{pmatrix}$ と $\begin{pmatrix} 4 \\ -3 \end{pmatrix}$ を並べた行列

$$P = \begin{pmatrix} 1 & 4 \\ 1 & -3 \end{pmatrix}$$

を考えて，左から行列 A を掛けてみよう。

🧑 えーと，

$$AP = \begin{pmatrix} 1 & 4 \\ 3 & 2 \end{pmatrix} \begin{pmatrix} 1 & 4 \\ 1 & -3 \end{pmatrix}$$

ですか？

👨 そうだね。この積もやはり 2×2 行列になるんだけど，計算してみるとどうなる？

🧑 これならできそうです。

$$\begin{pmatrix} 1 & 4 \\ 3 & 2 \end{pmatrix} \begin{pmatrix} 1 & 4 \\ 1 & -3 \end{pmatrix} = \begin{pmatrix} 1 \times 1 + 4 \times 1 & 1 \times 4 + 4 \times (-3) \\ 3 \times 1 + 2 \times 1 & 3 \times 4 + 2 \times (-3) \end{pmatrix} = \begin{pmatrix} 5 & -8 \\ 5 & 6 \end{pmatrix}$$

です。

そうだね。そしてこの最後の行列は，同じように行列Pを使って，

$$\begin{pmatrix} 5 & -8 \\ 5 & 6 \end{pmatrix} = \begin{pmatrix} 1 & 4 \\ 1 & -3 \end{pmatrix} \begin{pmatrix} 5 & 0 \\ 0 & -2 \end{pmatrix}$$

のようにも書けるよね。

えーと……，本当ですね。さっきはPは右側だったのに，今度は左側なんですね。

そう!! すぐにわかるけど，この右と左のちがいが重要になるんだ。とりあえず，これらをまとめると

$$\begin{pmatrix} 1 & 4 \\ 3 & 2 \end{pmatrix} \begin{pmatrix} 1 & 4 \\ 1 & -3 \end{pmatrix} = \begin{pmatrix} 1 & 4 \\ 1 & -3 \end{pmatrix} \begin{pmatrix} 5 & 0 \\ 0 & -2 \end{pmatrix}$$

がわかる。

はあ。

この式で，いちばん右にあらわれた行列は，対角線上に2つの固有値が並んでいるよね。こういう対角線上だけに成分をもち，他の成分がゼロの行列を**対角行列**というんだ。

本当だ。きれいな行列ですね。

この対角行列を

$$D = \begin{pmatrix} 5 & 0 \\ 0 & -2 \end{pmatrix}$$

と書けば，この式は

$$AP = PD$$

のように簡潔に書くことができる。

そうですね。

ところで，ここで固有ベクトルを並べて作った行列Pの行列式を計算してみよう。

また突然ですね。それに何か意味があるんですか？

第4章 行列の特性を引き出す

4-2 対角化とは

👨‍🏫 もちろんあるから計算するんだ。いくつになる？

🧑 えーと，たすきがけで
$$|P| = \begin{vmatrix} 1 & 4 \\ 1 & -3 \end{vmatrix} = 1 \times (-3) - 4 \times 1 = -7$$
です。

👨‍🏫 ということは，行列式の値が0じゃないのでPは正則行列，つまり逆行列をもつことがわかった*。

🧑 そうですね。

👨‍🏫 そして，Pの逆行列P^{-1}を$AP=PD$の両辺に左から掛ければ，
$$P^{-1}AP = P^{-1}PD \Leftrightarrow P^{-1}AP = D$$
がわかるよね。

🧑 Aが「はさみうち」されてますね。

👨‍🏫 そうだね。このように，ある行列を正則行列とその逆行列ではさんで「変形」することを，行列の**相似変形**というんだ。

🧑 その言葉はN先生の講義中に聞いたような気がします。

👨‍🏫 まあそうだろう。そして，この場合のように行列を相似変形して対角行列にすることを，行列の**対角化**というんだね。

🧑 そういうことですか。

＊2つの固有ベクトルv_5とv_{-2}が(線形)独立なので，行列式の値がゼロでないことは計算しなくてもすぐにわかる。

❶ フィボナッチ数列

👤 でも，こんな面倒な対角化なんかして，何か役に立つんですか？

👨 初めに言ったように，行列の対角化というのは，いろいろな分野で有効に使われている大切な考え方なんだ。ここでは簡単な例で，ちょっとした応用問題をやってみよう。対角化のご利益が少しはわかると思うよ。

👤 どんなことですか？

👨 フィボナッチ数列って知ってる？

👤 聞いたことはあるような気がしますけど……。

👨 まあ，知らなくてもいいんだ。とにかく，それは次のような数列なんだけど，この数列を作る規則はわかるかな？

$$1,\ 1,\ 2,\ 3,\ 5,\ 8,\ 13,\ 21,\ 34,\ 55,\ 89,\ 144,\ \cdots\cdots$$

👤 わかりません。

👨 いつもながら，あきらめが早いなあ。これは，初めの2項を $f_0=1$，$f_1=1$ としたとき，

$$f_{n+1}=f_n+f_{n-1}$$

という漸化式に従う数列なんだ。例えば，$n=1$ とおくと，この漸化式はどうなる？

👤 えーと，$n=1$ だから，$f_2=f_1+f_0$ です。

👨 じゃあ，これに最初の2項を代入してみよう。

👤 $f_0=1$，$f_1=1$ を代入するんですよね。$f_2=f_1+f_0=1+1=2$ です。

👨 そう。ちゃんと上の数列どおりだ。次に，$n=2$ はどうなる？

えーと，$f_3=f_2+f_1=2+1=3$で，ああ，これも数列のとおりですね。

こうやって，漸化式に順番に当てはめていくと上の数列ができる。このフィボナッチ数列は，多くの興味深い性質をもつことが知られているんだけど，そのうちの1つを考えてみよう。

はあ。何でしょう？

この数列の隣りあう2つの項の比を計算してみるんだ。

比ですか？

そう。具体的には

$$\frac{f_{n+1}}{f_n}$$

をいくつか計算してみる。そうすると，

$$\frac{f_2}{f_1}=\frac{2}{1}=2, \quad \frac{f_3}{f_2}=\frac{3}{2}=1.5, \quad \frac{f_4}{f_3}=\frac{5}{3}=1.666\cdots, \quad \cdots$$

のように値が求まっていくよね。

そうですね。

これ以降もしばらく計算してみよう。面倒だから，数値だけ書いていくよ。

$$\frac{8}{5}=1.6, \quad \frac{13}{8}=1.625, \quad \frac{21}{13}=1.61538\cdots, \quad \frac{34}{21}=1.61904\cdots,$$

$$\frac{55}{34}=1.61764\cdots, \quad \frac{89}{55}=1.61818\cdots, \quad \frac{144}{89}=1.61797\cdots$$

のようになる。

どこまで計算するんですか？

もうこの辺でやめておくけど，この数値がだんだん1つの値に収束していきそうな感じはわかるよね。

収束ですか？

😀 ある1つの値に限りなく近づいていくことだね．この場合は，1.618の近辺の値になりそうだよ．

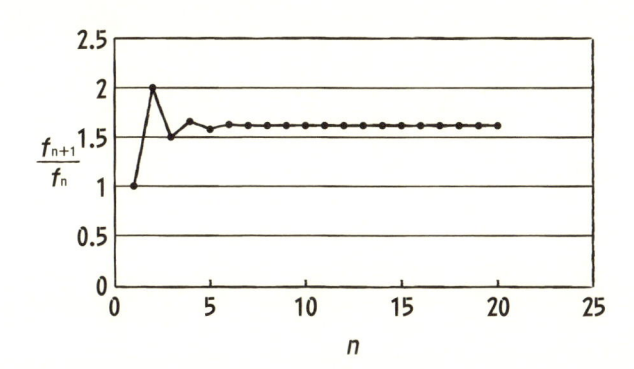

😀 確かに，そんな感じです．

😀 ここでは，この収束先をきちんと求めてみようと思うんだ．

😀 どうすればいいんですか？

😀 まず，フィボナッチ数列を作る漸化式 $f_{n+1}=f_n+f_{n-1}$ と，当たり前の式 $f_n=f_n$ を並べて書くと，

$$\begin{pmatrix} f_{n+1} \\ f_n \end{pmatrix} = \begin{pmatrix} f_n+f_{n-1} \\ f_n \end{pmatrix} = \begin{pmatrix} 1 & 1 \\ 1 & 0 \end{pmatrix} \begin{pmatrix} f_n \\ f_{n-1} \end{pmatrix}$$

となるよね．

😀 突然行列が出てきましたね．何だか，わざと難しくしてませんか？

😀 そんなことないよ．こうすると，今まで見てきた対角化の技術が使えるんだ．

😀 はあ．

😀 この式で行列 A とベクトル V_n を

$$A = \begin{pmatrix} 1 & 1 \\ 1 & 0 \end{pmatrix}, \quad V_n = \begin{pmatrix} f_{n+1} \\ f_n \end{pmatrix}$$

と定義すれば，

$$V_n = AV_{n-1}$$

のように書けることがわかるよね。

🧑 まあ，そうですね。

👨 この式は，ベクトルの数列$\{V_n\}$の1つ先の項を求めるには，行列を1回掛ければいいということを意味しているから，これを繰り返せば

$$V_n = AV_{n-1} = A^2 V_{n-2} = \cdots = A^n V_0$$

となる。

🧑 えーと，V_0って……？

👨 数列の最初の項だから，
$$V_0 = \begin{pmatrix} f_1 \\ f_0 \end{pmatrix} = \begin{pmatrix} 1 \\ 1 \end{pmatrix}$$

だね。

🧑 これをどうするんですか？

● 行列を対角化する

👨 目標は，$V_n = A^n V_0$を解いてV_nを求めることだけど，そのためにまず行列Aを対角化しよう。

🧑 何だか目標と全然関係ない気がしますけど。

👨 それが大いにあるんだ。

🧑 そうなんですか？

👨 とにかく対角化してみよう。まずAの固有値と固有ベクトルを求めるんだ。固有値をλとおくと，固有値が満たすべき式（固有方程式）はどうなるかな？

🧑 えーと，

$$|A-\lambda E| = \begin{vmatrix} 1-\lambda & 1 \\ 1 & -\lambda \end{vmatrix} = 0$$

でしたよね。

👨 そうだね。だから固有値は，2次方程式

$$(1-\lambda)(-\lambda)-1=0 \quad \Leftrightarrow \quad \lambda^2-\lambda-1=0$$

の解ということがわかる。

🧑 解はどんなものですか？

👨 2次方程式の解の公式を使えば，

$$\lambda = \frac{1 \pm \sqrt{1-4\times(-1)}}{2} = \frac{1 \pm \sqrt{5}}{2}$$

となるから，2つの解をそれぞれ λ_+，λ_- と書けば，

$$\lambda_+ = \frac{1+\sqrt{5}}{2}, \quad \lambda_- = \frac{1-\sqrt{5}}{2}$$

だね。λ_+ は **黄金比** と呼ばれる有名な数だけど，だいたいの値はわかるかな？

🧑 えーと，$\sqrt{5}$ は……

👨 $\sqrt{5} \fallingdotseq 2.236$ だから，

$$\lambda_+ \fallingdotseq \frac{1+2.236}{2} = 1.618$$

となるよ。さっきの隣りあうフィボナッチ数列の比の値とかなり近いよね。

🧑 確かにそうですね。

👨 実は，その比の値は，この「黄金比」になるんだ。

🧑 そういうことですか。

4-2 対角化とは 193

じゃあ，次は$\lambda_\pm$それぞれに対応した固有ベクトルを求めよう。どちらも同じように求まるから，一緒に求めちゃおう。

はあ。

まず，固有ベクトルの成分をいつものように

$$\begin{pmatrix} x \\ y \end{pmatrix}$$

とおけば，これの満たすべき式は，

$$\begin{pmatrix} 1 & 1 \\ 1 & 0 \end{pmatrix} \begin{pmatrix} x \\ y \end{pmatrix} = \lambda_\pm \begin{pmatrix} x \\ y \end{pmatrix}$$

となる。

そうですね。

これを各成分ごとに書くと，

$$\begin{cases} x+y = \lambda_\pm x \\ x = \lambda_\pm y \end{cases}$$

となるけど，いつものようにこれらは同じ式のはずだから*，下の方だけを考えればいい。

……ということは，固有ベクトルはどうなりますか。

例えば，$x=\lambda_\pm$，$y=1$と選べばいいから，各固有値に対応した固有ベクトルは，それぞれ

$$\lambda_+ \leftrightarrow \begin{pmatrix} \lambda_+ \\ 1 \end{pmatrix}, \quad \lambda_- \leftrightarrow \begin{pmatrix} \lambda_- \\ 1 \end{pmatrix}$$

のように取ることができるよ。

じゃあ，いよいよ対角化ですか？

---

*上の式は，
$$x+y = \lambda_\pm x \iff (\lambda_\pm - 1)x = y \iff (\lambda_\pm^2 - \lambda_\pm)x = \lambda_\pm y \iff x = \lambda_\pm y$$
と変形できて，下の式と同じであることがわかる。ここで，$\lambda_\pm$は2次方程式$\lambda^2 - \lambda - 1 = 0$の解なので，$\lambda_\pm^2 - \lambda_\pm - 1 = 0$を満たすことを使った。

そうだね。この固有ベクトルを並べた行列

$$P = \begin{pmatrix} \lambda_+ & \lambda_- \\ 1 & 1 \end{pmatrix}$$

を使えば，以前の例のように

$$AP = P \begin{pmatrix} \lambda_+ & 0 \\ 0 & \lambda_- \end{pmatrix}$$

がわかるよ。あとはPの逆行列P^{-1}を両辺に左から掛ければ，対角化が完成だ。

逆行列はどうやって求めますか？

これは2×2の行列だから，逆行列の公式からすぐに

$$P^{-1} = \frac{1}{\lambda_+ - \lambda_-} \begin{pmatrix} 1 & -\lambda_- \\ -1 & \lambda_+ \end{pmatrix} = \frac{1}{\sqrt{5}} \begin{pmatrix} 1 & -\lambda_- \\ -1 & \lambda_+ \end{pmatrix}$$

がわかるよ*。

はあ。

だから，これを左から掛ければ，

$$P^{-1}AP = \begin{pmatrix} \lambda_+ & 0 \\ 0 & \lambda_- \end{pmatrix}$$

だね。

対角化できましたね。

以後，右辺の対角行列をDと書くことにしよう。

---

*3-2節脚注を参照。

対角行列を利用する

😀 ところで,求めたいのはベクトル V_n の成分の比

$$\frac{f_{n+1}}{f_n}$$

で,n を限りなく大きくした場合だったから,必要なのはもちろん V_n だね。

😀 そうですね。

😀 そして,このベクトルは

$$V_n = A^n V_0$$

のようなものだったから,それを計算するには,行列 A を限りなくたくさん掛けたものが必要になる。

😀 そんなこと,できるんですか？

😀 そこで対角行列が役に立つんだ。対角化の結果,

$$P^{-1}AP = D$$

だったけど,この式の両辺を n 乗したものを考えてみよう。

😀 n 乗ですか？

😀 そう。

$$\overbrace{(P^{-1}AP)(P^{-1}AP)\cdots(P^{-1}AP)}^{n\text{個の積}} = D^n$$

ということだね。

😀 はあ。

この式の右辺は対角行列のn乗だから

$$D^n = \begin{pmatrix} \lambda_+ & 0 \\ 0 & \lambda_- \end{pmatrix}^n$$

$$= \overbrace{\begin{pmatrix} \lambda_+ & 0 \\ 0 & \lambda_- \end{pmatrix}\begin{pmatrix} \lambda_+ & 0 \\ 0 & \lambda_- \end{pmatrix}\cdots\begin{pmatrix} \lambda_+ & 0 \\ 0 & \lambda_- \end{pmatrix}}^{n\text{個の積}}$$

$$= \begin{pmatrix} \lambda_+^n & 0 \\ 0 & \lambda_-^n \end{pmatrix}$$

のように,簡単に計算できるよ。

左辺はどうなりますか?

左辺は,$PP^{-1}=E$ という関係があるから,隣りあうPとP^{-1}は単位行列になっちゃって,

$$\underbrace{\overbrace{(P^{-1}AP)(P^{-1}AP)\cdots(P^{-1}AP)}^{n\text{個の積}}}_{\text{単位行列}E} = \overbrace{P^{-1}AA\cdots AP}^{n\text{個の積}} = P^{-1}A^nP$$

のように両端にだけ,Pとその逆行列が残るんだ。

ということは?

結局,$P^{-1}A^nP=D^n$ となるから,この両辺に左からP,右からP^{-1}を掛けて,$A^n=PD^nP^{-1}$ がわかる。だから,A^nは今計算したD^nを使えば,

$$A^n = PD^nP^{-1}$$
$$= \begin{pmatrix} \lambda_+ & \lambda_- \\ 1 & 1 \end{pmatrix}\begin{pmatrix} \lambda_+^n & 0 \\ 0 & \lambda_-^n \end{pmatrix}\frac{1}{\sqrt{5}}\begin{pmatrix} 1 & -\lambda_- \\ -1 & \lambda_+ \end{pmatrix}$$
$$= \frac{1}{\sqrt{5}}\begin{pmatrix} \lambda_+^{n+1} & \lambda_-^{n+1} \\ \lambda_+^n & \lambda_-^n \end{pmatrix}\begin{pmatrix} 1 & 1/\lambda_+ \\ -1 & -1/\lambda_- \end{pmatrix}$$
$$= \frac{1}{\sqrt{5}}\begin{pmatrix} \lambda_+^{n+1}-\lambda_-^{n+1} & \lambda_+^n-\lambda_-^n \\ \lambda_+^n-\lambda_-^n & \lambda_+^{n-1}-\lambda_-^{n-1} \end{pmatrix}$$

のように計算できてしまうんだ*。

*ここで,解と係数の関係から$\lambda_+\lambda_-=-1$となることを使った。

😀 じゃあ，V_n はどうなりますか？

🧓 もちろんそれも計算できて，

$$V_n = A^n V_0 = \frac{1}{\sqrt{5}} \begin{pmatrix} \lambda_+^{n+1} - \lambda_-^{n+1} & \lambda_+^n - \lambda_-^n \\ \lambda_+^n - \lambda_-^n & \lambda_+^{n-1} - \lambda_-^{n-1} \end{pmatrix} \begin{pmatrix} 1 \\ 1 \end{pmatrix}$$

$$= \frac{1}{\sqrt{5}} \begin{pmatrix} \lambda_+^{n+1} - \lambda_-^{n+1} + \lambda_+^n - \lambda_-^n \\ \lambda_+^n - \lambda_-^n + \lambda_+^{n-1} - \lambda_-^{n-1} \end{pmatrix}$$

$$= \frac{1}{\sqrt{5}} \begin{pmatrix} \lambda_+^{n+2} - \lambda_-^{n+2} \\ \lambda_+^{n+1} - \lambda_-^{n+1} \end{pmatrix}$$

となるよ。

😀 最後は何をしたんですか？

🧓 $\lambda_\pm$ が $\lambda^2 - \lambda - 1 = 0$ の解であることから，例えば

$$\lambda_+^{n+1} + \lambda_+^n = \lambda_+^n(\lambda_+ + 1) = \lambda_+^n \lambda_+^2 = \lambda_+^{n+2}$$

のようになることを用いたんだ。

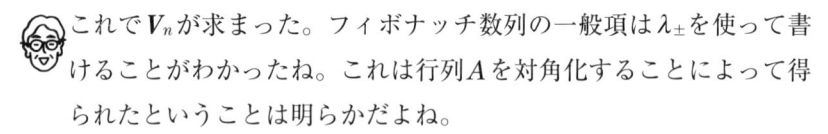

😀 はあ。

🧓 これで V_n が求まった。フィボナッチ数列の一般項は $\lambda_\pm$ を使って書けることがわかったね。これは行列 A を対角化することによって得られたということは明らかだよね。

😀 そうですね。

🧓 じゃあ，いよいよ極限値を求めてみよう。まず，

$$|\lambda_-| = \left|\frac{1-\sqrt{5}}{2}\right| \fallingdotseq \frac{2.236-1}{2} = \frac{1.236}{2} < 1$$

を考慮すれば，限りなく大きい n の値に対して

$$\lim_{n \to \infty} \lambda_-^n = 0$$

となるよ。

😀 1 より小さな数を掛けていくから，だんだん小さくなるってことですか？

👨‍🦳 そうだね。だから，大きいnを考えればλ_-の項は無視できて
$$V_n = \frac{1}{\sqrt{5}}\begin{pmatrix} \lambda_+^{n+2} - \lambda_-^{n+2} \\ \lambda_+^{n+1} - \lambda_-^{n+1} \end{pmatrix} \to \frac{1}{\sqrt{5}}\begin{pmatrix} \lambda_+^{n+2} \\ \lambda_+^{n+1} \end{pmatrix}$$
がわかる。

🧑 はあ。

👨‍🦳 そして，求めたいのはこのベクトルの成分の比だったけど，それは大きなnに対して
$$\frac{f_{n+1}}{f_n} = \frac{\lambda_+^{n+2}}{\lambda_+^{n+1}} = \lambda_+ = \frac{1+\sqrt{5}}{2}$$
のようになる。まさにこれが求めたかった結果だね。

🧑 これが対角化のご利益ですか？

👨‍🦳 そう。行列Aを対角化することによって，A^nが簡単に計算できてしまったんだね。このような方法は，今のような漸化式を解くときだけじゃなくて，物理なんかで現れる微分方程式を解くときにも有効に活用できるよ。

🧑 そういうことなんですね。

🔴コラム　K先生の独り言「$n \times n$ 行列の対角化」

　この節では，A君と一緒に2×2行列の対角化を考えたけど，この手続きは一般サイズのA，つまり$n \times n$行列の場合にも同様に適用できるよ。ここでは，この対角化の手順をまとめておこう。

　まずは2×2行列の場合と同様に，Aの固有値と固有ベクトルを求めよう。そのために，固有値をλとおいて固有方程式
$$|A - \lambda E| = 0$$
をたてる。ここでEは$n \times n$の単位行列だ。この固有方程式は，λについてのn次方程式になるから，解は一般にn個あることがわかる。

話をややこしくしないため，ここでは固有方程式が重解をもたない場合だけを考えよう．つまり，すべての固有値が異なる場合ということだね．なぜそうするかというと，もしも固有値のいくつかが一致している場合には，Aが対角化できるかどうかを慎重に判断しなければならないからなんだ．どんな行列でも，必ず対角化できるというわけではないんだ．実際，前節の「独り言」で考えた2×2行列

$$C = \begin{pmatrix} 1 & -1 \\ 1 & 3 \end{pmatrix}$$

の固有方程式は重解$\lambda = 2$をもち，固有ベクトルはただ1本しかない．このような場合，行列は対角化することができないんだ．詳しいことは，巻末の参考書を参照してほしい．

さて，すべての固有値が異なる場合には，それぞれの固有値$\lambda_j (j=1, 2, \cdots, n)$に対して固有ベクトルの方向が一つ確定する．このとき，各λ_jに対応した適当な長さの固有ベクトルをv_jとすれば，各v_jたちはすべて独立であることが以下のようにして示せるんだ．まず，最後の固有ベクトルv_nだけが他の固有ベクトルから独立でないと仮定してみよう．そうすると，v_nは他の固有ベクトルを使って

$$v_n = c_1 v_1 + c_2 v_2 + \cdots + c_{n-1} v_{n-1}$$

のように書けるはずだ．ここで，少なくとも1つのc_jは0ではないことに注意しよう．次に，この式の両辺に行列Aを掛けてみると，各v_jはAの固有ベクトルだから$Av_j = \lambda_j v_j$が成り立つので，

$$\lambda_n v_n = c_1 \lambda_1 v_1 + c_2 \lambda_2 v_2 + \cdots + c_{n-1} \lambda_{n-1} v_{n-1}$$

となることがわかる．この左辺に上の式を代入して整理すると，

$$c_1 (\lambda_n - \lambda_1) v_1 + c_2 (\lambda_n - \lambda_2) v_2 + \cdots + c_{n-1} (\lambda_n - \lambda_{n-1}) v_{n-1} = \mathbf{0}$$

となるけど，$v_j (j=1, 2, \cdots, n-1)$は互いに独立だから，すべての$j$に対して，

$$c_j (\lambda_n - \lambda_j) = 0$$

でなければならない．そして，少なくとも1つは$c_j \neq 0$だから，そのjに対して，$\lambda_n = \lambda_j$となる．これは固有値がすべて異なるという条件

に反するので，最初の仮定が間違っていたことになり，各v_jはすべて独立じゃなければならないことが示せた。2×2行列の場合には，具体的に行列式を計算することによって，2本の固有ベクトルが独立であることを確認したよね。

次に，こうして得られたn個の独立な固有ベクトルを順番に並べて，
$$P=(\boldsymbol{v}_1,\ \boldsymbol{v}_2,\ \cdots,\ \boldsymbol{v}_n)$$
のような行列を作る。各v_jはn次元の縦ベクトルだから，Pは$n\times n$行列であることがわかるよね。この行列に左からAを掛ければ，2×2行列の場合に見たように，
$$AP=PD$$
となることが確かめられる。ここで，Dはλ_jを対角成分に並べた，
$$D=\begin{pmatrix} \lambda_1 & 0 & \cdots & 0 \\ 0 & \lambda_2 & \ddots & \vdots \\ \vdots & \ddots & \ddots & 0 \\ 0 & \cdots & 0 & \lambda_n \end{pmatrix}$$
のような行列だよ。行列Pの各列はn個の独立なベクトルだったから，Pの行列式は定義によって0じゃない。つまり，Pは必ず逆行列P^{-1}をもつから，それを左から掛ければ，
$$P^{-1}AP=D$$
となって，対角化の完成だね。

まとめ

● 行列Aの対角化の手順（Aの固有値はすべて相異なるものとする。）
(1) 固有方程式$|A-\lambda E|=0$を解いて，固有値を求める。
(2) 各固有値λに対応した固有ベクトルを並べた行列Pを作る。
(3) $AP=PD$の関係から，$P^{-1}AP=D$となる。Dは対角行列で，各成分はAの固有値。

おわりに

線形代数の威力と有用性を，少しはわかってもらえたかな？

やっぱり，まだピンときません。計算を追っていくのが精いっぱいで……。

まあ，それはまだ最初だから仕方がないよね。数学の中でも，とにかく計算量が多いところだからね。

そうですね。これから頑張ります。

最初にも言ったけど，物理学や工学で現れる，ある種の微分方程式も，行列の対角化など線形代数の知識があればきれいに解けたりするんだ。それから，原子や分子のようなミクロの世界は「量子力学」という法則に支配されている。

それが何か関係あるんですか？

この量子力学の世界を理解するには，線形代数の言葉と知識がどうしても必要になってくるんだ。それ以外にも，自然科学や工学ではほとんどの分野で線形代数を必要とするといってもいいと思う。だから，固有値や固有ベクトルなどの基本的な知識をあらかじめもっておくことが重要なんだね。

わかりました。毎回何時間も付きあっていただいて，ありがとうございました。

また，疑問があったらいつでも来るといいよ。

4章の宿題

1. 行列 $A = \begin{pmatrix} 2 & -1 \\ 1 & -2 \end{pmatrix}$ について，次の問いに答えなさい。

   (1) 行列 A の固有値と固有ベクトルを求めなさい。

   (2) (1)で求めた固有ベクトルの大きさが1となるように固有ベクトルの係数を定めなさい。

2 行列 $A = \begin{pmatrix} a & b \\ c & d \end{pmatrix}$ の固有値を λ_1, λ_2 とする。このとき,
$$a+d = \lambda_1 + \lambda_2, \quad ad - bc = \lambda_1 \lambda_2$$
となることを確かめなさい。

3 次の行列の固有値と対応する固有ベクトルを求めてから，対角化しなさい。

(1) $A = \begin{pmatrix} 5 & -1 \\ 6 & -2 \end{pmatrix}$

(2) $B = \begin{pmatrix} 1 & 0 & -1 \\ 0 & 1 & 0 \\ -1 & 0 & 1 \end{pmatrix}$

宿題の解答

第1章 ベクトルとスカラー

1 正規直交基底は，$e_1=\begin{pmatrix}1\\0\\0\end{pmatrix}$, $e_2=\begin{pmatrix}0\\1\\0\end{pmatrix}$, $e_3=\begin{pmatrix}0\\0\\1\end{pmatrix}$ です。

(1) $a=\begin{pmatrix}1\\2\\3\end{pmatrix}=\begin{pmatrix}1\\0\\0\end{pmatrix}+\begin{pmatrix}0\\2\\0\end{pmatrix}+\begin{pmatrix}0\\0\\3\end{pmatrix}=\begin{pmatrix}1\\0\\0\end{pmatrix}+2\begin{pmatrix}0\\1\\0\end{pmatrix}+3\begin{pmatrix}0\\0\\1\end{pmatrix}$
$=e_1+2e_2+3e_3$

(2) $b=\begin{pmatrix}2\\0\\-1\end{pmatrix}=\begin{pmatrix}2\\0\\0\end{pmatrix}+\begin{pmatrix}0\\0\\-1\end{pmatrix}=2\begin{pmatrix}1\\0\\0\end{pmatrix}-\begin{pmatrix}0\\0\\1\end{pmatrix}=2e_1-e_3$

(3) $|a|=\sqrt{1^2+2^2+3^2}=\sqrt{14}$

(4) $|b|=\sqrt{2^2+0^2+(-1)^2}=\sqrt{5}$

(5) $3a-2b=3(e_1+2e_2+3e_3)-2(2e_1-e_3)$
$=3e_1+6e_2+9e_3-4e_1+2e_3$
$=(3-4)e_1+6e_2+(9+2)e_3$
$=-e_1+6e_2+11e_3$

(6) $a\cdot b=1\times 2+2\times 0+3\times(-1)=-1$

(7) $a\times b=\{2\times(-1)-3\times 0\}e_1+\{3\times 2-1\times(-1)\}e_2+(1\times 0-2\times 2)e_3$
$=-2e_1+7e_2-4e_3$

2 3次元空間ベクトルなので，

$a=a_1e_1+a_2e_2+a_3e_3$, $b=b_1e_1+b_2e_2+b_3e_3$, $c=c_1e_1+c_2e_2+c_3e_3$

として具体的に計算していきます。

交換法則：まず,
$$\boldsymbol{a}\cdot\boldsymbol{b}=a_1b_1+a_2b_2+a_3b_3$$
であることを確認しておきます。そして,
$$\boldsymbol{b}\cdot\boldsymbol{a}=b_1a_1+b_2a_2+b_3a_3$$
$$=a_1b_1+a_2b_2+a_3b_3=\boldsymbol{a}\cdot\boldsymbol{b}$$
なので, 交換法則は成り立ちます。

分配法則：まず,
$$\boldsymbol{b}+\boldsymbol{c}=(b_1+c_1)\boldsymbol{e}_1+(b_2+c_2)\boldsymbol{e}_2+(b_3+c_3)\boldsymbol{e}_3$$
なので,
$$\boldsymbol{a}\cdot(\boldsymbol{b}+\boldsymbol{c})=a_1(b_1+c_1)+a_2(b_2+c_2)+a_3(b_3+c_3)$$
$$=a_1b_1+a_1c_1+a_2b_2+a_2c_2+a_3b_3+a_3c_3$$
となります。一方,
$$\boldsymbol{a}\cdot\boldsymbol{b}=a_1b_1+a_2b_2+a_3b_3,\quad \boldsymbol{a}\cdot\boldsymbol{c}=a_1c_1+a_2c_2+a_3c_3$$
より,
$$\boldsymbol{a}\cdot\boldsymbol{b}+\boldsymbol{a}\cdot\boldsymbol{c}=a_1b_1+a_2b_2+a_3b_3+a_1c_1+a_2c_2+a_3c_3$$
となります。よって,
$$\boldsymbol{a}\cdot(\boldsymbol{b}+\boldsymbol{c})=\boldsymbol{a}\cdot\boldsymbol{b}+\boldsymbol{a}\cdot\boldsymbol{c}$$
より, 分配法則は成り立ちます。

結合法則：左辺の（ ）内をまず計算すると,
$$\boldsymbol{a}\cdot\boldsymbol{b}=a_1b_1+a_2b_2+a_3b_3$$
となります。内積は, ベクトルとベクトルの積の1つ（もう1つは外積）ですが, 内積 $\boldsymbol{a}\cdot\boldsymbol{b}$ は単なる数（スカラー）なので, ベクトル $\boldsymbol{c}$ との内積は考えられません。ということで, $(\boldsymbol{a}\cdot\boldsymbol{b})\cdot\boldsymbol{c}$ や $\boldsymbol{a}\cdot(\boldsymbol{b}\cdot\boldsymbol{c})$ はそもそも計算できないので, ベクトルの内積に対して結合法則は成り立ちません。

確認 スカラー k と内積 $\boldsymbol{a}\cdot\boldsymbol{b}$ の結合法則である
$$(k\boldsymbol{a})\cdot\boldsymbol{b}=\boldsymbol{a}\cdot(k\boldsymbol{b})=k(\boldsymbol{a}\cdot\boldsymbol{b})$$
は成り立っています（各自で確認しましょう）。

3 3次元空間ベクトルなので,
$$\boldsymbol{a}=a_1\boldsymbol{e}_1+a_2\boldsymbol{e}_2+a_3\boldsymbol{e}_3, \quad \boldsymbol{b}=b_1\boldsymbol{e}_1+b_2\boldsymbol{e}_2+b_3\boldsymbol{e}_3, \quad \boldsymbol{c}=c_1\boldsymbol{e}_1+c_2\boldsymbol{e}_2+c_3\boldsymbol{e}_3$$
として具体的に計算していきます。

交換法則:まず,
$$\boldsymbol{a}\times\boldsymbol{b}=(a_2b_3-a_3b_2)\boldsymbol{e}_1+(a_3b_1-a_1b_3)\boldsymbol{e}_2+(a_1b_2-a_2b_1)\boldsymbol{e}_3$$
を確認しておきます。そして,
$$\begin{aligned}\boldsymbol{b}\times\boldsymbol{a}&=(b_2a_3-b_3a_2)\boldsymbol{e}_1+(b_3a_1-b_1a_3)\boldsymbol{e}_2+(b_1a_2-b_2a_1)\boldsymbol{e}_3\\&=-(a_2b_3-a_3b_2)\boldsymbol{e}_1-(a_3b_1-a_1b_3)\boldsymbol{e}_2-(a_1b_2-a_2b_1)\boldsymbol{e}_3\\&=-\{(a_2b_3-a_3b_2)\boldsymbol{e}_1+(a_3b_1-a_1b_3)\boldsymbol{e}_2+(a_1b_2-a_2b_1)\boldsymbol{e}_3\}\\&=-\boldsymbol{a}\times\boldsymbol{b}\end{aligned}$$
なので,交換法則は成り立ちません。

分配法則:まず,
$$\boldsymbol{b}+\boldsymbol{c}=(b_1+c_1)\boldsymbol{e}_1+(b_2+c_2)\boldsymbol{e}_2+(b_3+c_3)\boldsymbol{e}_3$$
なので,
$$\begin{aligned}\boldsymbol{a}\times(\boldsymbol{b}+\boldsymbol{c})=&\{a_2(b_3+c_3)-a_3(b_2+c_2)\}\boldsymbol{e}_1+\{a_3(b_1+c_1)-a_1(b_3+c_3)\}\boldsymbol{e}_2\\&+\{a_1(b_2+c_2)-a_2(b_1+c_1)\}\boldsymbol{e}_3\end{aligned}$$
となります。一方,
$$\boldsymbol{a}\times\boldsymbol{b}=(a_2b_3-a_3b_2)\boldsymbol{e}_1+(a_3b_1-a_1b_3)\boldsymbol{e}_2+(a_1b_2-a_2b_1)\boldsymbol{e}_3,$$
$$\boldsymbol{a}\times\boldsymbol{c}=(a_2c_3-a_3c_2)\boldsymbol{e}_1+(a_3c_1-a_1c_3)\boldsymbol{e}_2+(a_1c_2-a_2c_1)\boldsymbol{e}_3$$
より,
$$\begin{aligned}\boldsymbol{a}\times\boldsymbol{b}+\boldsymbol{a}\times\boldsymbol{c}=&(a_2b_3-a_3b_2)\boldsymbol{e}_1+(a_3b_1-a_1b_3)\boldsymbol{e}_2+(a_1b_2-a_2b_1)\boldsymbol{e}_3\\&+(a_2c_3-a_3c_2)\boldsymbol{e}_1+(a_3c_1-a_1c_3)\boldsymbol{e}_2+(a_1c_2-a_2c_1)\boldsymbol{e}_3\\=&\{a_2(b_3+c_3)-a_3(b_2+c_2)\}\boldsymbol{e}_1+\{a_3(b_1+c_1)-a_1(b_3+c_3)\}\boldsymbol{e}_2\\&+\{a_1(b_2+c_2)-a_2(b_1+c_1)\}\boldsymbol{e}_3\end{aligned}$$
となります。よって,
$$\boldsymbol{a}\times(\boldsymbol{b}+\boldsymbol{c})=\boldsymbol{a}\times\boldsymbol{b}+\boldsymbol{a}\times\boldsymbol{c}$$
より,分配法則は成り立ちます。

結合法則：
$$a \times b = (a_2 b_3 - a_3 b_2) e_1 + (a_3 b_1 - a_1 b_3) e_2 + (a_1 b_2 - a_2 b_1) e_3$$
なので，
$$(a \times b) \times c = \{c_3(a_3 b_1 - a_1 b_3) - c_2(a_1 b_2 - a_2 b_1)\} e_1$$
$$+ \{c_1(a_1 b_2 - a_2 b_1) - c_3(a_2 b_3 - a_3 b_2)\} e_2$$
$$+ \{c_2(a_2 b_3 - a_3 b_2) - c_1(a_3 b_1 - a_1 b_3)\} e_3$$
となります．一方，
$$b \times c = (b_2 c_3 - b_3 c_2) e_1 + (b_3 c_1 - b_1 c_3) e_2 + (b_1 c_2 - b_2 c_1) e_3$$
なので，
$$a \times (b \times c) = \{a_2(b_1 c_2 - b_2 c_1) - a_3(b_3 c_1 - b_1 c_3)\} e_1$$
$$+ \{a_3(b_2 c_3 - b_3 c_2) - a_1(b_1 c_2 - b_2 c_1)\} e_2$$
$$+ \{a_1(b_3 c_1 - b_1 c_3) - a_2(b_2 c_3 - b_3 c_2)\} e_3$$
となります．よって，結合法則 $(a \times b) \times c = a \times (b \times c)$ は成り立ちません．

確認 スカラー k と外積 $a \times b$ の結合法則である
$$(ka) \times b = a \times (kb) = k(a \times b)$$
は成り立っています（各自で確認しましょう）．

注意 $(a \times b) \times c$ をベクトル三重積と呼びます．等式
$$(a \times b) \times c = (a \cdot c) b - (b \cdot c) a$$
が成り立ちます（各自で確認しましょう）．

補足 $(a \times b) \cdot c$ をスカラー三重積と呼びます．等式
$$(a \times b) \cdot c = (b \times c) \cdot a = (c \times a) \cdot b$$
が成り立ちます（各自で確認しましょう）．

第2章　行列と連立1次方程式

1 2×2の単位行列を$E=\begin{pmatrix} 1 & 0 \\ 0 & 1 \end{pmatrix}$とします。

(1) $2A+3B=2\begin{pmatrix} 0 & 1 \\ 1 & 0 \end{pmatrix}+3\begin{pmatrix} 1 & 1 \\ 0 & 1 \end{pmatrix}=\begin{pmatrix} 0 & 2 \\ 2 & 0 \end{pmatrix}+\begin{pmatrix} 3 & 3 \\ 0 & 3 \end{pmatrix}$

$=\begin{pmatrix} 0+3 & 2+3 \\ 2+0 & 0+3 \end{pmatrix}=\begin{pmatrix} 3 & 5 \\ 2 & 3 \end{pmatrix}$

(2) $A-4B=\begin{pmatrix} 0 & 1 \\ 1 & 0 \end{pmatrix}-4\begin{pmatrix} 1 & 1 \\ 0 & 1 \end{pmatrix}=\begin{pmatrix} 0 & 1 \\ 1 & 0 \end{pmatrix}-\begin{pmatrix} 4 & 4 \\ 0 & 4 \end{pmatrix}$

$=\begin{pmatrix} 0-4 & 1-4 \\ 1-0 & 0-4 \end{pmatrix}=\begin{pmatrix} -4 & -3 \\ 1 & -4 \end{pmatrix}$

(3) $AB=\begin{pmatrix} 0 & 1 \\ 1 & 0 \end{pmatrix}\begin{pmatrix} 1 & 1 \\ 0 & 1 \end{pmatrix}=\begin{pmatrix} 0\times 1+1\times 0 & 0\times 1+1\times 1 \\ 1\times 1+0\times 0 & 1\times 1+0\times 1 \end{pmatrix}=\begin{pmatrix} 0 & 1 \\ 1 & 1 \end{pmatrix}$

(4) $BA=\begin{pmatrix} 1 & 1 \\ 0 & 1 \end{pmatrix}\begin{pmatrix} 0 & 1 \\ 1 & 0 \end{pmatrix}=\begin{pmatrix} 1\times 0+1\times 1 & 1\times 1+1\times 0 \\ 0\times 0+1\times 1 & 0\times 1+1\times 0 \end{pmatrix}=\begin{pmatrix} 1 & 1 \\ 1 & 0 \end{pmatrix}$

確認　(3), (4)の結果より，$AB\neq BA$となっています。

(5) $A^2=AA=\begin{pmatrix} 0 & 1 \\ 1 & 0 \end{pmatrix}\begin{pmatrix} 0 & 1 \\ 1 & 0 \end{pmatrix}=\begin{pmatrix} 0\times 0+1\times 1 & 0\times 1+1\times 0 \\ 1\times 0+0\times 1 & 1\times 1+0\times 0 \end{pmatrix}$

$=\begin{pmatrix} 1 & 0 \\ 0 & 1 \end{pmatrix}=E$

となります。逆行列の定義は

$$AA^{-1}=A^{-1}A=E$$

を満たすことなので，確かに

$$A^{-1}=A$$

です。

(6) $|B|=\begin{vmatrix} 1 & 1 \\ 0 & 1 \end{vmatrix}=1\times 1-1\times 0=1$

より，2次正方行列に対する逆行列の公式を用いて，

$$B^{-1}=\frac{1}{|B|}\begin{pmatrix} 1 & -1\times 1 \\ -1\times 0 & 1 \end{pmatrix}=\begin{pmatrix} 1 & -1 \\ 0 & 1 \end{pmatrix}$$

となります. 実際,
$$BB^{-1}=B^{-1}B=E$$
です（各自で確認しましょう）.

別解 ガウスの消去法（または掃き出し法）により求めてみます.
行列 B の横に, 単位行列を付け加えて 2×4 行列
$$\begin{pmatrix} 1 & 1 & | & 1 & 0 \\ 0 & 1 & | & 0 & 1 \end{pmatrix}$$
を作ります. 行基本変形を行うと,
$$\begin{pmatrix} 1 & 1 & | & 1 & 0 \\ 0 & 1 & | & 0 & 1 \end{pmatrix} \xrightarrow{\text{第1行} -1\times(\text{第2行})} \begin{pmatrix} 1 & 0 & | & 1 & -1 \\ 0 & 1 & | & 0 & 1 \end{pmatrix}$$
となり, 逆行列を求めることができます.

[2] A が 2×3 行列であり, B が 3×2 行列なので, 行列 AB は
$$(2\times\underline{3}\text{行列})\times(\underline{3}\times 2\text{行列})=2\times 2\text{行列}$$
となります. 一方, 行列 BA は
$$(3\times\underset{\sim}{2}\text{行列})\times(\underset{\sim}{2}\times 3\text{行列})=3\times 3\text{行列}$$
となります. よって, 行列のサイズが異なるので, $AB \neq BA$ です.

確認 行列 AB の成分の個数が $2\times 2=4$ 個であり, 行列 BA の成分の個数が $3\times 3=9$ 個ということです.

[3](1) 2次の正方行列の行と列を入れかえるということは, $(1, 1)$ 成分と $(2, 2)$ 成分はそのままで, $(1, 2)$ 成分と $(2, 1)$ 成分を入れかえるということなので, 転置行列 ${}^tA$ は
$${}^tA = \begin{pmatrix} a & c \\ b & d \end{pmatrix}$$
で与えられます.

確認 転置行列の転置は, もとに戻ります. つまり,
$${}^t({}^tA) = A$$
です.

(2)
$$|A|=\begin{vmatrix} a & b \\ c & d \end{vmatrix}=ad-bc\neq 0$$

なので，逆行列 A^{-1} が存在します。逆行列の公式より

$$A^{-1}=\frac{1}{ad-bc}\begin{pmatrix} d & -b \\ -c & a \end{pmatrix}$$

となります。よって，

$${}^t(A^{-1})=\frac{1}{ad-bc}\begin{pmatrix} d & -c \\ -b & a \end{pmatrix}$$

となります。

(3)
$$|{}^tA|=\begin{vmatrix} a & c \\ b & d \end{vmatrix}=ad-cb\neq 0$$

より，行列 ${}^tA$ の逆行列が存在するので，逆行列の公式より

$$({}^tA)^{-1}=\frac{1}{ad-cb}\begin{pmatrix} d & -c \\ -b & a \end{pmatrix}$$

となります。実際，

$${}^tA({}^tA)^{-1}=({}^tA)^{-1}({}^tA)=E$$

です（各自で確認しましょう）。

確認 (2), (3)の結果より，

$${}^t(A^{-1})=({}^tA)^{-1}$$

です（これは3次以上の行列の場合にも同様です）。

(4) $T=A+{}^tA$ とおくと，

$$T=\begin{pmatrix} a & b \\ c & d \end{pmatrix}+\begin{pmatrix} a & c \\ b & d \end{pmatrix}=\begin{pmatrix} 2a & b+c \\ c+b & 2d \end{pmatrix}$$

より，

$${}^tT=\begin{pmatrix} 2a & c+b \\ b+c & 2d \end{pmatrix}=T$$

となります。よって，T は対称行列です。

(5) $K = A - {}^t A$ とおくと，
$$K = \begin{pmatrix} a & b \\ c & d \end{pmatrix} - \begin{pmatrix} a & c \\ b & d \end{pmatrix} = \begin{pmatrix} 0 & b-c \\ c-b & 0 \end{pmatrix}$$
より，
$${}^t K = \begin{pmatrix} 0 & c-b \\ b-c & 0 \end{pmatrix} = -\begin{pmatrix} 0 & b-c \\ c-b & 0 \end{pmatrix} = -K$$
となります。よって，K は交代行列です。

第3章 行列式とその応用

1. 与えられた連立1次方程式を行列表示すると，
$$\begin{pmatrix} 1 & 2 & 3 \\ 1 & 3 & 4 \\ 2 & 1 & 2 \end{pmatrix} \begin{pmatrix} x \\ y \\ z \end{pmatrix} = \begin{pmatrix} 1 \\ 2 \\ -3 \end{pmatrix}$$
となります。

(1) ガウスの消去法を用いると，
$$\left(\begin{array}{ccc|c} 1 & 2 & 3 & 1 \\ 1 & 3 & 4 & 2 \\ 2 & 1 & 2 & -3 \end{array}\right) \xrightarrow{\text{(第2行)}-\text{(第1行)}} \left(\begin{array}{ccc|c} 1 & 2 & 3 & 1 \\ 0 & 1 & 1 & 1 \\ 2 & 1 & 2 & -3 \end{array}\right)$$

$$\xrightarrow{\text{(第3行)}-2\times\text{(第1行)}} \left(\begin{array}{ccc|c} 1 & 2 & 3 & 1 \\ 0 & 1 & 1 & 1 \\ 0 & -3 & -4 & -5 \end{array}\right)$$

$$\xrightarrow{\text{(第3行)}+3\times\text{(第2行)}} \left(\begin{array}{ccc|c} 1 & 2 & 3 & 1 \\ 0 & 1 & 1 & 1 \\ 0 & 0 & -1 & -2 \end{array}\right)$$

$$\xrightarrow{-1\times\text{(第3行)}} \left(\begin{array}{ccc|c} 1 & 2 & 3 & 1 \\ 0 & 1 & 1 & 1 \\ 0 & 0 & 1 & 2 \end{array}\right)$$

$$\xrightarrow{\text{(第2行)}-\text{(第3行)}} \left(\begin{array}{ccc|c} 1 & 2 & 3 & 1 \\ 0 & 1 & 0 & -1 \\ 0 & 0 & 1 & 2 \end{array}\right)$$

$$\xrightarrow{\text{(第1行)}-2\times\text{(第2行)}} \left(\begin{array}{ccc|c} 1 & 0 & 3 & 3 \\ 0 & 1 & 0 & -1 \\ 0 & 0 & 1 & 2 \end{array}\right)$$

$$\xrightarrow{\text{(第1行)}-3\times\text{(第3行)}} \left(\begin{array}{ccc|c} 1 & 0 & 0 & -3 \\ 0 & 1 & 0 & -1 \\ 0 & 0 & 1 & 2 \end{array}\right)$$

よって，連立1次方程式の解は $(x, y, z) = (-3, -1, 2)$ です。

(2) 行列

$$\begin{pmatrix} 1 & 2 & 3 \\ 1 & 3 & 4 \\ 2 & 1 & 2 \end{pmatrix}$$

を A とおきます。まず，掃き出し法により逆行列 A^{-1} を求めます。

$$\left(\begin{array}{ccc|ccc} 1 & 2 & 3 & 1 & 0 & 0 \\ 1 & 3 & 4 & 0 & 1 & 0 \\ 2 & 1 & 2 & 0 & 0 & 1 \end{array}\right) \xrightarrow{\text{(第2行)}-\text{(第1行)}} \left(\begin{array}{ccc|ccc} 1 & 2 & 3 & 1 & 0 & 0 \\ 0 & 1 & 1 & -1 & 1 & 0 \\ 2 & 1 & 2 & 0 & 0 & 1 \end{array}\right)$$

$$\xrightarrow{\text{(第3行)}-2\times\text{(第1行)}} \left(\begin{array}{ccc|ccc} 1 & 2 & 3 & 1 & 0 & 0 \\ 0 & 1 & 1 & -1 & 1 & 0 \\ 0 & -3 & -4 & -2 & 0 & 1 \end{array}\right)$$

$$\xrightarrow{\text{(第3行)}+3\times\text{(第2行)}} \left(\begin{array}{ccc|ccc} 1 & 2 & 3 & 1 & 0 & 0 \\ 0 & 1 & 1 & -1 & 1 & 0 \\ 0 & 0 & -1 & -5 & 3 & 1 \end{array}\right)$$

$$\xrightarrow{-1\times\text{(第3行)}} \left(\begin{array}{ccc|ccc} 1 & 2 & 3 & 1 & 0 & 0 \\ 0 & 1 & 1 & -1 & 1 & 0 \\ 0 & 0 & 1 & 5 & -3 & -1 \end{array}\right)$$

$$\xrightarrow{\text{(第2行)}-\text{(第3行)}} \left(\begin{array}{ccc|ccc} 1 & 2 & 3 & 1 & 0 & 0 \\ 0 & 1 & 0 & -6 & 4 & 1 \\ 0 & 0 & 1 & 5 & -3 & -1 \end{array}\right)$$

$$\xrightarrow{\text{(第1行)}-2\times\text{(第2行)}} \left(\begin{array}{ccc|ccc} 1 & 0 & 3 & 13 & -8 & -2 \\ 0 & 1 & 0 & -6 & 4 & 1 \\ 0 & 0 & 1 & 5 & -3 & -1 \end{array}\right)$$

$$\xrightarrow{\text{(第1行)}-3\times\text{(第3行)}} \left(\begin{array}{ccc|ccc} 1 & 0 & 0 & -2 & 1 & 1 \\ 0 & 1 & 0 & -6 & 4 & 1 \\ 0 & 0 & 1 & 5 & -3 & -1 \end{array}\right)$$

したがって，

$$A^{-1} = \begin{pmatrix} -2 & 1 & 1 \\ -6 & 4 & 1 \\ 5 & -3 & -1 \end{pmatrix}$$

です。連立1次方程式は

$$A \begin{pmatrix} x \\ y \\ z \end{pmatrix} = \begin{pmatrix} 1 \\ 2 \\ -3 \end{pmatrix}$$

なので，両辺の左側から A^{-1} を掛けると，

$$\begin{pmatrix} x \\ y \\ z \end{pmatrix} = A^{-1} \begin{pmatrix} 1 \\ 2 \\ -3 \end{pmatrix} = \begin{pmatrix} -2 & 1 & 1 \\ -6 & 4 & 1 \\ 5 & -3 & -1 \end{pmatrix} \begin{pmatrix} 1 \\ 2 \\ -3 \end{pmatrix} = \begin{pmatrix} -3 \\ -1 \\ 2 \end{pmatrix}$$

を得ます。

よって，連立1次方程式の解は $(x, y, z) = (-3, -1, 2)$ です。

(3) まず，以下の行列式の値を求めておきます。

$$\begin{vmatrix} 1 & 2 & 3 \\ 1 & 3 & 4 \\ 2 & 1 & 2 \end{vmatrix} = \begin{vmatrix} 2 & 3 \\ 3 & 4 \end{vmatrix} \times 2 - \begin{vmatrix} 1 & 3 \\ 1 & 4 \end{vmatrix} \times 1 + \begin{vmatrix} 1 & 2 \\ 1 & 3 \end{vmatrix} \times 2$$

（第3行について展開）

$$= (-1) \times 2 - 1 \times 1 + 1 \times 2 = -1$$

$$\begin{vmatrix} 1 & 2 & 3 \\ 2 & 3 & 4 \\ -3 & 1 & 2 \end{vmatrix} = \begin{vmatrix} 2 & 3 \\ 3 & 4 \end{vmatrix} \times (-3) - \begin{vmatrix} 1 & 3 \\ 2 & 4 \end{vmatrix} \times 1 + \begin{vmatrix} 1 & 2 \\ 2 & 3 \end{vmatrix} \times 2$$

（第3行について展開）

$$= (-1) \times (-3) - (-2) \times 1 + (-1) \times 2 = 3$$

$$\begin{vmatrix} 1 & 1 & 3 \\ 1 & 2 & 4 \\ 2 & -3 & 2 \end{vmatrix} = \begin{vmatrix} 1 & 3 \\ 2 & 4 \end{vmatrix} \times 2 - \begin{vmatrix} 1 & 3 \\ 1 & 4 \end{vmatrix} \times (-3) + \begin{vmatrix} 1 & 1 \\ 1 & 2 \end{vmatrix} \times 2$$

（第3行について展開）

$$= (-2) \times 2 - 1 \times (-3) + 1 \times 2 = 1$$

$$\begin{vmatrix} 1 & 2 & 1 \\ 1 & 3 & 2 \\ 2 & 1 & -3 \end{vmatrix} = \begin{vmatrix} 2 & 1 \\ 3 & 2 \end{vmatrix} \times 2 - \begin{vmatrix} 1 & 1 \\ 1 & 2 \end{vmatrix} \times 1 + \begin{vmatrix} 1 & 2 \\ 1 & 3 \end{vmatrix} \times (-3)$$

（第3行について展開）

$$= 1 \times 2 - 1 \times 1 + 1 \times (-3) = -2$$

よって，クラメルの公式より

$$x = \frac{\begin{vmatrix} 1 & 2 & 3 \\ 2 & 3 & 4 \\ -3 & 1 & 2 \end{vmatrix}}{\begin{vmatrix} 1 & 2 & 3 \\ 1 & 3 & 4 \\ 2 & 1 & 2 \end{vmatrix}} = \frac{3}{-1} = -3, \quad y = \frac{\begin{vmatrix} 1 & 1 & 3 \\ 1 & 2 & 4 \\ 2 & -3 & 2 \end{vmatrix}}{\begin{vmatrix} 1 & 2 & 3 \\ 1 & 3 & 4 \\ 2 & 1 & 2 \end{vmatrix}} = \frac{1}{-1} = -1,$$

$$z = \frac{\begin{vmatrix} 1 & 2 & 1 \\ 1 & 3 & 2 \\ 2 & 1 & -3 \end{vmatrix}}{\begin{vmatrix} 1 & 2 & 3 \\ 1 & 3 & 4 \\ 2 & 1 & 2 \end{vmatrix}} = \frac{-2}{-1} = 2$$

より,連立1次方程式の解は $(x, y, z) = (-3, -1, 2)$ です。

2 行列式

$$\begin{vmatrix} m_{11} & m_{12} & m_{13} \\ m_{21} & m_{22} & m_{23} \\ m_{31} & m_{32} & m_{33} \end{vmatrix}$$

を,例えば第3列目で展開していきます。

第 $(i, 3)$ 小行列式に,符号 $(-1)^{i+3}$ をつけてできる余因子を Δ_{i3} とすると,

$$\Delta_{13} = (-1)^{1+3} \begin{vmatrix} m_{21} & m_{22} \\ m_{31} & m_{32} \end{vmatrix} = m_{21}m_{32} - m_{22}m_{31},$$

$$\Delta_{23} = (-1)^{2+3} \begin{vmatrix} m_{11} & m_{12} \\ m_{31} & m_{32} \end{vmatrix} = -(m_{11}m_{32} - m_{12}m_{31}),$$

$$\Delta_{33} = (-1)^{3+3} \begin{vmatrix} m_{11} & m_{12} \\ m_{21} & m_{22} \end{vmatrix} = m_{11}m_{22} - m_{12}m_{21}$$

です。行列式を第3列目で展開すると,

$$\begin{vmatrix} m_{11} & m_{12} & m_{13} \\ m_{21} & m_{22} & m_{23} \\ m_{31} & m_{32} & m_{33} \end{vmatrix} = \Delta_{13}m_{13} + \Delta_{23}m_{23} + \Delta_{33}m_{33}$$
$$= (m_{21}m_{32} - m_{22}m_{31})m_{13} - (m_{11}m_{32} - m_{12}m_{31})m_{23}$$
$$+ (m_{11}m_{22} - m_{12}m_{21})m_{33}$$

が得られます。もちろん,第1列目や第2列目で展開しても同様の結果が得られます。また,行で展開したものとも一致します。

3 与えられた行列式
$$\begin{vmatrix} e_1 & e_2 & e_3 \\ a_1 & a_2 & a_3 \\ b_1 & b_2 & b_3 \end{vmatrix}$$
を第1行目で展開すると,

$$\begin{vmatrix} e_1 & e_2 & e_3 \\ a_1 & a_2 & a_3 \\ b_1 & b_2 & b_3 \end{vmatrix} = (-1)^{1+1} \begin{vmatrix} a_2 & a_3 \\ b_2 & b_3 \end{vmatrix} e_1 + (-1)^{1+2} \begin{vmatrix} a_1 & a_3 \\ b_1 & b_3 \end{vmatrix} e_2$$
$$+ (-1)^{1+3} \begin{vmatrix} a_1 & a_2 \\ b_1 & b_2 \end{vmatrix} e_3$$
$$= (a_2 b_3 - a_3 b_2) e_1 + (a_3 b_1 - a_1 b_3) e_2 + (a_1 b_2 - a_2 b_1) e_3$$

となります。今,

$$\boldsymbol{A} \times \boldsymbol{B} = (a_2 b_3 - a_3 b_2) e_1 + (a_3 b_1 - a_1 b_3) e_2 + (a_1 b_2 - a_2 b_1) e_3$$

なので, 成分を比較すると, 確かに

$$\begin{vmatrix} e_1 & e_2 & e_3 \\ a_1 & a_2 & a_3 \\ b_1 & b_2 & b_3 \end{vmatrix} = \boldsymbol{A} \times \boldsymbol{B}$$

となっています。

第4章 行列の特性を引き出す

[1] 固有値をλ，対応する固有ベクトルを$\begin{pmatrix} x \\ y \end{pmatrix}$とすると，

$$A\begin{pmatrix} x \\ y \end{pmatrix} = \lambda \begin{pmatrix} x \\ y \end{pmatrix} \Leftrightarrow (A-\lambda E)\begin{pmatrix} x \\ y \end{pmatrix} = \begin{pmatrix} 0 \\ 0 \end{pmatrix}$$

となります。

(1) 行列Aに対する固有方程式は

$$|A-\lambda E| = \begin{vmatrix} 2-\lambda & 1 \\ 1 & 2-\lambda \end{vmatrix} = 0$$

より，λに対する2次方程式

$$(2-\lambda)^2 - 1^2 = \lambda^2 - 4\lambda + 3 = (\lambda-1)(\lambda-3) = 0$$

を解いて，$\lambda = 1, 3$を得ます。これらを

$$(A-\lambda E) = \begin{pmatrix} 2-\lambda & 1 \\ 1 & 2-\lambda \end{pmatrix}\begin{pmatrix} x \\ y \end{pmatrix} = \begin{pmatrix} 0 \\ 0 \end{pmatrix}$$

に代入して固有ベクトルを求めます。

・$\lambda = 1$のとき，

$$\begin{pmatrix} 2-1 & 1 \\ 1 & 2-1 \end{pmatrix}\begin{pmatrix} x \\ y \end{pmatrix} = \begin{pmatrix} x+y \\ x+y \end{pmatrix} = (x+y)\begin{pmatrix} 1 \\ 1 \end{pmatrix} = \begin{pmatrix} 0 \\ 0 \end{pmatrix}$$

より，$x+y=0$，つまり$y=-x$という関係式を得ます。よって，固有ベクトルは，

$$\begin{pmatrix} x \\ y \end{pmatrix} = \begin{pmatrix} x \\ -x \end{pmatrix} = x\begin{pmatrix} 1 \\ -1 \end{pmatrix}$$

なので，$\begin{pmatrix} 1 \\ -1 \end{pmatrix}$という方向を向いた任意のベクトルです。

・$\lambda = 3$のとき，

$$\begin{pmatrix} 2-3 & 1 \\ 1 & 2-3 \end{pmatrix}\begin{pmatrix} x \\ y \end{pmatrix} = \begin{pmatrix} -x+y \\ x-y \end{pmatrix} = (x-y)\begin{pmatrix} -1 \\ 1 \end{pmatrix} = \begin{pmatrix} 0 \\ 0 \end{pmatrix}$$

より，$x-y=0$，つまり$y=x$という関係式を得ます。よって，固有ベクトルは，

$$\begin{pmatrix} x \\ y \end{pmatrix} = \begin{pmatrix} x \\ x \end{pmatrix} = x\begin{pmatrix} 1 \\ 1 \end{pmatrix}$$

なので，$\begin{pmatrix} 1 \\ 1 \end{pmatrix}$という方向を向いた任意のベクトルです。

(2) $\lambda=1$に対応する固有ベクトルで，大きさが1のベクトルを$\boldsymbol{u}_1$，$\lambda=3$に対応する固有ベクトルで，大きさが1のベクトルを$\boldsymbol{u}_3$とします。

・$\lambda=1$のとき，$\boldsymbol{u}_1 = s\begin{pmatrix} 1 \\ -1 \end{pmatrix}$（$s$は実数）とおきます。$|\boldsymbol{u}_1|=1$なので，
$$|\boldsymbol{u}_1|^2 = s^2 + (-s)^2 = 2s^2 = 1$$
より，
$$s = \pm\frac{1}{\sqrt{2}}$$
が求まります。よって，固有値$\lambda=1$に対応する，大きさが1のベクトルは
$$\boldsymbol{u}_1 = \pm\frac{1}{\sqrt{2}}\begin{pmatrix} 1 \\ -1 \end{pmatrix}$$
です。

・$\lambda=3$のとき，$\boldsymbol{u}_3 = t\begin{pmatrix} 1 \\ 1 \end{pmatrix}$（$t$は実数）とおきます。$|\boldsymbol{u}_3|=1$なので，
$$|\boldsymbol{u}_3|^2 = t^2 + t^2 = 2t^2 = 1$$
より，
$$t = \pm\frac{1}{\sqrt{2}}$$
が求まります。よって，固有値$\lambda=3$に対応する，大きさが1のベクトルは
$$\boldsymbol{u}_3 = \pm\frac{1}{\sqrt{2}}\begin{pmatrix} 1 \\ 1 \end{pmatrix}$$
です。

2 行列Aに対する固有方程式は
$$|A - \lambda E| = \begin{vmatrix} a-\lambda & b \\ c & d-\lambda \end{vmatrix} = 0$$
より，
$$(a-\lambda)(d-\lambda) - bc = 0$$
よって，λに対する2次方程式

$$\lambda^2-(a+d)\lambda+ad-bc=0$$

となります。この2次方程式の解が λ_1, λ_2 なので，解と係数の関係より，

$$\lambda_1+\lambda_2=a+d, \quad \lambda_1\lambda_2=ad-bc$$

が成り立ちます。

注意 2次方程式の解と係数の関係について
A, B を係数とする，x についての2次方程式

$$x^2+Ax+B=0$$

の解を x_1, x_2 とすると，左辺は

$$x^2+Ax+B=(x-x_1)(x-x_2)$$

と因数分解できます。この右辺を展開すると，

$$(x-x_1)(x-x_2)=x^2-(x_1+x_2)x+x_1x_2$$

なので，結局

$$x^2+Ax+B=x^2-(x_1+x_2)x+x_1x_2$$

となります。したがって，両辺を比較すると，

$$x_1+x_2=-A, \quad x_1x_2=B$$

を得ます。これが，2次方程式の解と係数の関係と呼ばれるものです（3次以上の方程式に対しても，同様に解と係数の関係を考えることができます）。

補足 $n\times n$ の正方行列

$$M=\begin{pmatrix} m_{11} & m_{12} & \cdots & m_{1n} \\ m_{21} & m_{22} & \cdots & m_{2n} \\ \vdots & \vdots & \ddots & \vdots \\ m_{n1} & m_{n2} & \cdots & m_{nn} \end{pmatrix}$$

に対する固有方程式

$$|A-\lambda E|=0$$

は，λ に対する n 次方程式となります。よって，その解は n 個あり，それらが行列 M の n 個の固有値 λ_1, λ_2, $\cdots$, λ_n です。固有値と行列の成分の間に同様の関係が成り立ちます：

$$\begin{cases} \lambda_1+\lambda_2+\cdots+\lambda_n = m_{11}+m_{22}+\cdots+m_{nn}, \\ \lambda_1\lambda_2\cdots\lambda_n = \begin{vmatrix} m_{11} & m_{12} & \cdots & m_{1n} \\ m_{21} & m_{22} & \cdots & m_{2n} \\ \vdots & \vdots & \ddots & \vdots \\ m_{n1} & m_{n2} & \cdots & m_{nn} \end{vmatrix} \end{cases}$$

この公式は計算で求めた固有値が正しいかどうかの判定に役立ちます。

3(1) 行列 A に対する固有方程式は

$$|A-\lambda E| = \begin{vmatrix} 5-\lambda & -1 \\ 6 & -2-\lambda \end{vmatrix} = 0$$

$$(5-\lambda)(-2-\lambda)-(-6)=0$$

より, λ に対する2次方程式

$$\lambda^2-3\lambda-4=(\lambda+1)(\lambda-4)=0$$

を解いて, $\lambda=-1, 4$ を得ます。これらを

$$(A-\lambda E)\begin{pmatrix} x \\ y \end{pmatrix} = \begin{pmatrix} 5-\lambda & -1 \\ 6 & -2-\lambda \end{pmatrix}\begin{pmatrix} x \\ y \end{pmatrix} = \begin{pmatrix} 0 \\ 0 \end{pmatrix}$$

に代入して, 固有ベクトルを求めます。

・$\lambda=-1$ のとき,

$$\begin{pmatrix} 5-(-1) & -1 \\ 6 & -2-(-1) \end{pmatrix}\begin{pmatrix} x \\ y \end{pmatrix} = \begin{pmatrix} 6x-y \\ 6x-y \end{pmatrix} = (6x-y)\begin{pmatrix} 1 \\ 1 \end{pmatrix} = \begin{pmatrix} 0 \\ 0 \end{pmatrix}$$

より, $6x-y=0$, つまり $y=6x$ という関係式を得ます。よって, 固有ベクトルは,

$$\begin{pmatrix} x \\ y \end{pmatrix} = \begin{pmatrix} x \\ 6x \end{pmatrix} = x\begin{pmatrix} 1 \\ 6 \end{pmatrix}$$

なので, $\begin{pmatrix} 1 \\ 6 \end{pmatrix}$ という方向を向いた任意のベクトルです。

・$\lambda=4$ のとき,

$$\begin{pmatrix} 5-4 & -1 \\ 6 & -2-4 \end{pmatrix}\begin{pmatrix} x \\ y \end{pmatrix} = \begin{pmatrix} x-y \\ 6x-6y \end{pmatrix} = (x-y)\begin{pmatrix} 1 \\ 6 \end{pmatrix} = \begin{pmatrix} 0 \\ 0 \end{pmatrix}$$

より, $x-y=0$, つまり $y=x$ という関係式を得ます。よって, 固有ベクトルは,

$$\begin{pmatrix} x \\ y \end{pmatrix} = \begin{pmatrix} x \\ x \end{pmatrix} = x \begin{pmatrix} 1 \\ 1 \end{pmatrix}$$

なので，$\begin{pmatrix} 1 \\ 1 \end{pmatrix}$ という方向を向いた任意のベクトルです．

今，2つの固有ベクトルを並べた行列，
$$P = \begin{pmatrix} 1 & 1 \\ 6 & 1 \end{pmatrix}$$
を考えます．
$$|P| = 1 \times 1 - 1 \times 6 = -5$$
より，行列 P の逆行列は
$$P^{-1} = -\frac{1}{5} \begin{pmatrix} 1 & -1 \\ -6 & 1 \end{pmatrix}$$
となります．よって，これらを用いて A を対角化すると，
$$P^{-1}AP = -\frac{1}{5} \begin{pmatrix} 1 & -1 \\ -6 & 1 \end{pmatrix} \begin{pmatrix} 5 & -1 \\ 6 & -2 \end{pmatrix} \begin{pmatrix} 1 & 1 \\ 6 & 1 \end{pmatrix}$$
$$= -\frac{1}{5} \begin{pmatrix} 1 & -1 \\ -6 & 1 \end{pmatrix} \begin{pmatrix} -1 & 4 \\ -6 & 4 \end{pmatrix}$$
$$= -\frac{1}{5} \begin{pmatrix} 5 & 0 \\ 0 & -20 \end{pmatrix}$$
$$= \begin{pmatrix} -1 & 0 \\ 0 & 4 \end{pmatrix}$$
となります．

補足 2つの固有ベクトルを並べた行列として，
$$Q = \begin{pmatrix} 1 & 1 \\ 1 & 6 \end{pmatrix}$$
を考えてもOKです．$|Q| = 5$ より，Q の逆行列は
$$Q^{-1} = \frac{1}{5} \begin{pmatrix} 6 & -1 \\ -1 & 1 \end{pmatrix}$$
となります．よって，これらを用いて A を対角化すると，
$$Q^{-1}AQ = \begin{pmatrix} 4 & 0 \\ 0 & -1 \end{pmatrix}$$
となります（各自で確認しましょう）．

(2) 行列Bに対する固有方程式は

$$|B-\lambda E| = \begin{vmatrix} 1-\lambda & 0 & -1 \\ 0 & 1-\lambda & 0 \\ -1 & 0 & 1-\lambda \end{vmatrix} = 0$$

より，λに対する3次方程式

$$(1-\lambda)^3 - (1-\lambda) = -\lambda(\lambda-1)(\lambda-2) = 0$$

を解いて，$\lambda = 0, 1, 2$ を得ます。これらを

$$(B-\lambda E)\begin{pmatrix} x \\ y \\ z \end{pmatrix} = \begin{pmatrix} 1-\lambda & 0 & -1 \\ 0 & 1-\lambda & 0 \\ -1 & 0 & 1-\lambda \end{pmatrix}\begin{pmatrix} x \\ y \\ z \end{pmatrix} = \begin{pmatrix} 0 \\ 0 \\ 0 \end{pmatrix}$$

に代入して，固有ベクトルを求めます。

・$\lambda = 0$ のとき，

$$\begin{pmatrix} 1-0 & 0 & -1 \\ 0 & 1-0 & 0 \\ -1 & 0 & 1-0 \end{pmatrix}\begin{pmatrix} x \\ y \\ z \end{pmatrix} = \begin{pmatrix} x-z \\ y \\ -x+z \end{pmatrix} = \begin{pmatrix} 0 \\ 0 \\ 0 \end{pmatrix}$$

より，$x-z=0$，$y=0$ という関係式を得ます。よって，固有ベクトルは，

$$\begin{pmatrix} x \\ y \\ z \end{pmatrix} = \begin{pmatrix} x \\ 0 \\ x \end{pmatrix} = x\begin{pmatrix} 1 \\ 0 \\ 1 \end{pmatrix}$$

なので，$\begin{pmatrix} 1 \\ 0 \\ 1 \end{pmatrix}$ という方向を向いた任意のベクトルです。

・$\lambda = 1$ のとき，

$$\begin{pmatrix} 1-1 & 0 & -1 \\ 0 & 1-1 & 0 \\ -1 & 0 & 1-1 \end{pmatrix}\begin{pmatrix} x \\ y \\ z \end{pmatrix} = \begin{pmatrix} -z \\ 0 \\ -x \end{pmatrix} = \begin{pmatrix} 0 \\ 0 \\ 0 \end{pmatrix}$$

より，$x=0$，$z=0$ という関係式を得ます。よって，固有ベクトルは，

$$\begin{pmatrix} x \\ y \\ z \end{pmatrix} = \begin{pmatrix} 0 \\ y \\ 0 \end{pmatrix} = y\begin{pmatrix} 0 \\ 1 \\ 0 \end{pmatrix}$$

なので，$\begin{pmatrix} 0 \\ 1 \\ 0 \end{pmatrix}$ という方向を向いた任意のベクトルです。

・$\lambda=2$のとき，
$$\begin{pmatrix} 1-2 & 0 & -1 \\ 0 & 1-2 & 0 \\ -1 & 0 & 1-2 \end{pmatrix} \begin{pmatrix} x \\ y \\ z \end{pmatrix} = \begin{pmatrix} -x-z \\ -y \\ -x-z \end{pmatrix} = \begin{pmatrix} 0 \\ 0 \\ 0 \end{pmatrix}$$
より，$x+z=0$, $y=0$という関係式を得ます。よって，固有ベクトルは，
$$\begin{pmatrix} x \\ y \\ z \end{pmatrix} = \begin{pmatrix} x \\ 0 \\ -x \end{pmatrix} = x \begin{pmatrix} 1 \\ 0 \\ -1 \end{pmatrix}$$
なので，$\begin{pmatrix} 1 \\ 0 \\ -1 \end{pmatrix}$という方向を向いた任意のベクトルです。

今，3つの固有ベクトルを並べた行列，
$$P = \begin{pmatrix} 1 & 0 & 1 \\ 0 & 1 & 0 \\ 1 & 0 & -1 \end{pmatrix}$$
を考えます。次に，掃き出し法により，行列Pの逆行列P^{-1}を求めます。

$$\left(\begin{array}{ccc|ccc} 1 & 0 & 1 & 1 & 0 & 0 \\ 0 & 1 & 0 & 0 & 1 & 0 \\ 1 & 0 & -1 & 0 & 0 & 1 \end{array} \right) \xrightarrow{\text{(第1行)+(第3行)}} \left(\begin{array}{ccc|ccc} 2 & 0 & 0 & 1 & 0 & 1 \\ 0 & 1 & 0 & 0 & 1 & 0 \\ 1 & 0 & -1 & 0 & 0 & 1 \end{array} \right)$$

$$\xrightarrow{\frac{1}{2}\times\text{(第1行)}} \left(\begin{array}{ccc|ccc} 1 & 0 & 0 & \frac{1}{2} & 0 & \frac{1}{2} \\ 0 & 1 & 0 & 0 & 1 & 0 \\ 1 & 0 & -1 & 0 & 0 & 1 \end{array} \right)$$

$$\xrightarrow{\text{(第3行)-(第1行)}} \left(\begin{array}{ccc|ccc} 1 & 0 & 0 & \frac{1}{2} & 0 & \frac{1}{2} \\ 0 & 1 & 0 & 0 & 1 & 0 \\ 0 & 0 & -1 & -\frac{1}{2} & 0 & \frac{1}{2} \end{array} \right)$$

$$\xrightarrow{-1\times\text{(第3行)}} \left(\begin{array}{ccc|ccc} 1 & 0 & 0 & \frac{1}{2} & 0 & \frac{1}{2} \\ 0 & 1 & 0 & 0 & 1 & 0 \\ 0 & 0 & 1 & \frac{1}{2} & 0 & -\frac{1}{2} \end{array} \right)$$

より，Pの逆行列は
$$P^{-1} = \frac{1}{2} \begin{pmatrix} 1 & 0 & 1 \\ 0 & 2 & 0 \\ 1 & 0 & -1 \end{pmatrix}$$
となります。よって，これらを用いてBを対角化すると，

$$P^{-1}BP = \frac{1}{2}\begin{pmatrix} 1 & 0 & 1 \\ 0 & 2 & 0 \\ 1 & 0 & -1 \end{pmatrix}\begin{pmatrix} 1 & 0 & -1 \\ 0 & 1 & 0 \\ -1 & 0 & 1 \end{pmatrix}\begin{pmatrix} 1 & 0 & 1 \\ 0 & 1 & 0 \\ 1 & 0 & -1 \end{pmatrix}$$

$$= \frac{1}{2}\begin{pmatrix} 1 & 0 & 1 \\ 0 & 2 & 0 \\ 1 & 0 & -1 \end{pmatrix}\begin{pmatrix} 0 & 0 & 2 \\ 0 & 1 & 0 \\ 0 & 0 & -2 \end{pmatrix}$$

$$= \frac{1}{2}\begin{pmatrix} 0 & 0 & 0 \\ 0 & 2 & 0 \\ 0 & 0 & 4 \end{pmatrix}$$

$$= \begin{pmatrix} 0 & 0 & 0 \\ 0 & 1 & 0 \\ 0 & 0 & 2 \end{pmatrix}$$

となります。

補足 3本の固有ベクトルの並べ方により，行列Pの可能性は計6通りあります。上記以外の5通りを，以下に書きます：

・$P_2 = \begin{pmatrix} 1 & 1 & 0 \\ 0 & 0 & 1 \\ 1 & -1 & 0 \end{pmatrix}$ だとすると，

$$P_2^{-1}BP_2 = \begin{pmatrix} 0 & 0 & 0 \\ 0 & 2 & 0 \\ 0 & 0 & 1 \end{pmatrix}$$

と対角化されます。

・$P_3 = \begin{pmatrix} 0 & 1 & 1 \\ 1 & 0 & 0 \\ 0 & 1 & -1 \end{pmatrix}$ だとすると，

$$P_3^{-1}BP_3 = \begin{pmatrix} 1 & 0 & 0 \\ 0 & 0 & 0 \\ 0 & 0 & 2 \end{pmatrix}$$

と対角化されます。

・$P_4 = \begin{pmatrix} 0 & 1 & 1 \\ 1 & 0 & 0 \\ 0 & -1 & 1 \end{pmatrix}$ だとすると,

$$P_4^{-1}BP_4 = \begin{pmatrix} 1 & 0 & 0 \\ 0 & 2 & 0 \\ 0 & 0 & 0 \end{pmatrix}$$

と対角化されます。

・$P_5 = \begin{pmatrix} 1 & 1 & 0 \\ 0 & 0 & 1 \\ -1 & 1 & 0 \end{pmatrix}$ だとすると,

$$P_5^{-1}BP_5 = \begin{pmatrix} 2 & 0 & 0 \\ 0 & 0 & 0 \\ 0 & 0 & 1 \end{pmatrix}$$

と対角化されます。

・$P_6 = \begin{pmatrix} 1 & 0 & 1 \\ 0 & 1 & 0 \\ -1 & 0 & 1 \end{pmatrix}$ だとすると,

$$P_6^{-1}BP_6 = \begin{pmatrix} 2 & 0 & 0 \\ 0 & 1 & 0 \\ 0 & 0 & 0 \end{pmatrix}$$

と対角化されます。

あとがき

　A君とK先生の対話を楽しんでいただけたでしょうか？　A君の言葉を借りれば,「計算ばかりでつまらない」線形代数ですが,皆さんにとって少しだけ身近なものになったのではないかと期待しています。この本で得た考え方を踏み台にして,多くの人がより本格的な線形代数に挑戦してくれることを願っています。

　でも,もしかすると「やっぱり線形代数はひたすら計算の繰り返しで,なんだかよくわからない」という感想をもたれた読者もいるかもしれません。その時は,K先生の言葉ひとつひとつを味わいながら,ぜひ何度も読んでみてください。理解のきっかけになるヒントを,たくさん埋め込んでおきましたので。

　西原理恵子さんの珠玉の作品「ずっとまえのこと」(『できるかなリターンズ』所収)に,小学生時代の居残り勉強を思い出す場面があります。そこでは,「わからないところがわからない」小学生の苦悩が,心を打つ画とともに描かれているのですが,どこがわからないかをあぶり出すことは,すべての仕事や学問に共通する問題解決への道筋です。この本が,読者の皆さんの「わからないところ」を発見する引き金になれば幸いです。

　本書の出版に際して,執筆の遅れがちな著者たちを辛抱強く支えていただいた,(株)カルチャー・プロの中川克也さんに大いなる感謝の意を表します。また,最後になりましたが,日頃から研究・教育活動を支えてくれている著者たちの家族に,前書と同様に感謝の気持ちを込めて本書を捧げます。

参考文献

本書の趣旨にあった参考図書としては，以下のような本があります。

● 『2次行列の世界』　岩堀長慶　岩波書店(1983)

● 『キーポイント 線形代数』　薩摩順吉，四ツ谷晶二　岩波書店(1992)

● 『2次行列のすべて―線型代数の新しい学び方』　石谷茂　現代数学社(2008)

線形代数を本格的に勉強したい読者向けには，以下のような本があります。

● 『線型代数入門』　齋藤正彦　東京大学出版会(1966)

● 『線型代数学』　佐武一郎　裳華房(1974)

● 『工科系 線形代数』　筧三郎　数理工学社(2002)

● 『理工系 線形代数入門』　高崎金久　培風館(2006)

索引　INDEX

数字・記号

- 0次元 —— 14
- 1次元 —— 14
- 1次独立 —— 38
- 1次変換 —— 107
- 2次元 —— 15
- 2次元ベクトル —— 15, 16, 23
- 3次元 —— 15
- 3次元ベクトル —— 15, 19, 23
- (i,j)成分 —— 74
- n次元 —— 23
- sgn —— 162, 163
- Δ_{ij} —— 148
- δ_{ij} —— 153
- σ —— 162, 163

ア・カ行

- 黄金比 —— 193
- 外積 —— 56, 68, 127, 136
- ガウスの消去法 —— 83, 92, 94
- 核 —— 118
- 上三角行列 —— 91, 93
- 規格化 —— 178
- 基底 —— 35, 39
- 擬ベクトル —— 68
- 基本行列 —— 105
- 基本変形 —— 86
- 逆行列 —— 97, 108, 109
- 逆行列の公式 —— 151, 154, 156
- 逆数 —— 95, 96
- 行基本変形 —— 90, 100, 104
- 行列 —— 72
- 行列式 —— 124, 128, 129, 137, 144, 145
- 行列式の展開 —— 149
- 行列の加法・減法 —— 75, 82
- 行列のサイズ —— 73
- 行列の乗法 —— 77, 82
- 行列のスカラー倍 —— 76
- 行列の成分 —— 74
- 空間反転 —— 68
- クラメルの公式 —— 157
- クロネッカーのデルタ —— 153
- 結合法則 —— 30, 34
- 原点 —— 18
- 交換法則 —— 28, 34
- 後進消去 —— 91
- 交代行列 —— 122
- 後退代入 —— 93
- 固有値 —— 168, 172, 182, 184, 185, 192, 199
- 固有ベクトル —— 168, 172, 182, 184, 185, 192, 199
- 固有方程式 —— 176, 182, 184, 192, 199

サ行

- 座標軸 —— 18
- 軸性ベクトル —— 68
- 次元 —— 12, 16
- 自明な解 —— 174
- 巡回置換 —— 139, 149

小行列式	148
数ベクトル	42
スカラー	24,25
スカラー三重積	209
スカラー積	57
スカラー倍	24,25,34
正規化	178
正規直交基底	36,38,43,57,66
正則行列	111,124
正方行列	74
線形結合	37,61,134
線形写像	107,118
線形独立	38
線形変換	107
前進消去	91
相似変形	188

タ行

対角化	185,188,192,199
対角行列	187,196
対称行列	122
単位行列	88,97,155
単位元	96,97
単位ベクトル	178
置換	163
転置行列	122,131,142,143,156
特性方程式	176
独立	15,38,134,135,137
内積	44,51,55,65

ハ行

掃き出し法	92,94
反対称行列	122
非可換性	80
非正則行列	110,120,125
フィボナッチ数列	189
分配法則	31,34
ベクトル	12
ベクトル三重積	209
ベクトル積	57
ベクトルの差	31,34
ベクトルの成分表示	18,23
ベクトルの長さ	45,55
ベクトルのはさむ角	48,55
ベクトルの平行移動	27
ベクトルの和	26,34

マ・ヤ・ラ行

右ねじの向き	59
余因子	148,152
余弦定理	48
連立1次方程式	83

【著者略歴】

中村 厚（なかむら・あつし）

　1962年、新潟県生まれ。北里大学理学部物理学科・講師。1992年、東京都立大学大学院理学研究科博士課程（物理学専攻）単位取得退学。博士（理学）。専門は、素粒子論およびその周辺の数理物理（のつもり）。
ホームページ：http://www.kitasato-u.ac.jp/sci/resea/buturi/hisenkei/nakamula/index.html

戸田 晃一（とだ・こういち）

　1971年、大阪府生まれ。富山県立大学工学部教養教育・准教授、慶應義塾大学自然科学研究教育センター・共同研究員。2001年、立命館大学大学院理工学研究科博士課程後期課程（総合理工学専攻）修了。博士（理学）。専門は、非線形な場の理論に対する非摂動的解析を中心とした数理物理（だと思う……）。
ホームページ：http://www2.yukawa.kyoto-u.ac.jp/~kouichi/

ファーストブック
線形代数がわかる
せんけいだいすう

2010年9月25日　初版　第1刷発行

著　者　中村 厚　戸田 晃一
発行者　片岡 巌
発行所　株式会社技術評論社
　　　　東京都新宿区市谷左内町 21-13
　　　　電話　03-3513-6150 販売促進部
　　　　　　　03-3267-2270 編集部

印刷／製本　日経印刷株式会社

定価はカバーに表示してあります。

本書の一部、または全部を著作権法の定める範囲を越え、無断で複写、複製、テープ化、ファイルに落とすことを禁じます。

©2010　中村 厚　戸田 晃一

造本には細心の注意を払っておりますが、万一、乱丁（ページの乱れ）や落丁（ページの抜け）がございましたら、小社販売促進部までお送りください。送料小社負担にてお取り替えいたします。

ISBN 978-4-7741-4346-0 C3041
Printed in Japan

- カバーイラスト
  ゆずりはさとし
- カバー・本文デザイン
  小山 巧（志岐デザイン事務所）
- 本文イラスト
  田渕周平
- 編集制作
  中川克也
  （株式会社カルチャー・プロ）
- DTP
  株式会社明昌堂

本書の内容に関するご質問は、下記の宛先まで書面にてお送りください。お電話によるご質問および本書に記載されている内容以外のご質問には、一切お答えできません。あらかじめご了承ください。

〒162-0846
新宿区市谷左内町21-13
株式会社技術評論社　書籍編集部
「線形代数がわかる」係
FAX：03-3267-2269